内蒙古财经大学实训与案例教材系列丛书

丛书主编 金 桩 徐全忠

环境影响评价典型案例

主 编：牟艳军 崔秀萍 哈斯巴根
副主编：王 静 关海波 张晓娜
　　　　王 雄 赵盼盼 李文龙
　　　　孙兴辉 王 慧

U0244067

中国财经出版传媒集团

经济科学出版社
Economic Science Press

图书在版编目（CIP）数据

环境影响评价典型案例/牟艳军，崔秀萍，哈斯巴根主编．
—北京：经济科学出版社，2018.12
ISBN 978 - 7 - 5218 - 0067 - 8

Ⅰ.①环…　Ⅱ.①牟…②崔…③哈…　Ⅲ.①环境影响 –
评价 – 案例 – 教材　Ⅳ.①X820.3

中国版本图书馆 CIP 数据核字（2018）第 283398 号

责任编辑：范庭赫
责任校对：王苗苗
责任印制：李　鹏

环境影响评价典型案例
主　编：牟艳军　崔秀萍　哈斯巴根
副主编：王　静　关海波　张晓娜
　　　　王　雄　赵盼盼　李文龙
　　　　孙兴辉　王　慧
经济科学出版社出版、发行　新华书店经销
社址：北京市海淀区阜成路甲 28 号　邮编：100142
总编部电话：010 - 88191217　发行部电话：010 - 88191522
网址：www. esp. com. cn
电子邮件：esp@ esp. com. cn
天猫网店：经济科学出版社旗舰店
网址：http: //jjkxcbs. tmall. com
北京密兴印刷有限公司印装
787 × 1092　16 开　9.5 印张　210000 字
2019 年 6 月第 1 版　2019 年 6 月第 1 次印刷
ISBN 978 - 7 - 5218 - 0067 - 8　定价：30.00 元
（图书出现印装问题，本社负责调换。电话：010 - 88191510）
（版权所有　侵权必究　打击盗版　举报热线：010 - 88191661
QQ：2242791300　营销中心电话：010 - 88191537
电子邮箱：dbts@ esp. com. cn）

编　写　说　明

　　环境影响评价是对规划和建设项目实施后可能造成的环境影响进行分析、预测和评估，提出预防或者减轻不良环境影响的对策和措施，进行跟踪监测的方法与制度。

　　为充分满足环境影响评价应用型人才培养的需求，我们编写了此教材。在教材编写过程中，我们力求做到内容全面，重点突出。结合众多环评工作者在实际工作中遇到的问题和容易发生的错误，我们归纳整理了案例之间存在的共性，也对不同类别、不同行业案例的典型特征予以强调，以便于初学者强化记忆，触类旁通。

目 录
CONTENTS

印 象 篇

案例一　××药业医药产业基地生产项目环评案例

1　建设项目概况

1.1　项目拟建地及项目建设的背景

××药业股份有限公司是集中药饮片、化学原料药、制剂生产、药品研发及药品、医疗器械营销于一体的大型医药上市公司、国家重点高新技术企业。公司先后通过了GMP、GSP认证及ISO9001、ISO14001、ISO18000管理体系国际认证、职业健康安全管理体系28001-2001认证等多项管理、技术认证，并与多所高等院校及科研机构建立了长期合作关系，是多家院所的产学研基地，拥有行业内管理、技术方面的精英队伍。

近年来，为扩张中药饮片和中药材贸易、拓宽OTC产品线，××药业通过并购，投资30000万元人民币，在××市××新区产业园新建××药业中医药产业基地，进行中药饮片生产车间、化学药品生产车间等的改造与建设，生产设备的购置与安装，以及环保绿化等相关公用辅助工程的建设，项目规划用地面积350亩，总建筑面积100000m²。该项目已在××市发展和改革局备案，备案号：［×××××××××××××××］×××号。

1.2　项目主要建设内容

本项目共投资30000万元人民币，主要用于生产车间改造与建设和设备购置，以及道路、给排水、电力、绿化环保等公用辅助工程建设。项目规划总用地面积350亩，总建筑面积100000m²。项目建设分两期进行。其中，一期主要建设中药提取生产线（含中药前处理）、固体制剂生产线、液体制剂生产线、员工生活服务区及相应的电力、动力、仓库等配套设施。二期主要建设外用药剂生产线、滴丸软胶囊生产线及抗肿瘤生产线。项目实施以后，对于老厂设备，全部淘汰由原厂回收。采取了上述措施以后，老厂的设备处理不会有任何遗留环境问题。

1.3 项目与当地规划和国家产业政策的符合性

1.3.1 与产业政策的符合性

本项目为中药材加工，以生产中成药制剂为主，各生产线的主要产品有板蓝根颗粒、藿香正气水、六味地黄丸、复方黄连素片等，属《产业结构调整指导目录（2011年本）》中第一类（鼓励类）第十三项（医药）第4条（中药有效成分的提取、纯化、质量控制新技术开发和应用，中药现代剂型的工艺技术、生产过程控制技术和装备的开发与应用，中药饮片创新技术开发和产业化，中成药二次开发和生产）。该项目无《产业结构调整指导目录（2011年本）》中规定的限制类和淘汰类设备和工艺。同时，该项目在××市发展和改革局进行了备案，备案号：××投资备［×××××××××］×××号。

1.3.2 项目与当地规划的符合性

××市××新区产业园，规划范围包括××街道办及××街道办，其范围为东至××大道，西至××高速，南至××，北至火车站及××大道，××市××新区产业园总体规划确定为"一心、一园、两轴、三区"。根据××市"十三五"规划纲要对城南片区的发展建设目标定位，及城市综合发展需要，将××新区产业园建设成为以高新技术产业、仓储物流、居住、商业服务为一体的综合型城市新区。因此，该园区对入园企业设置了环境门槛：

1. 禁止发展的产业

对于××市××新区产业园内新引进的项目，以"高水平、高起点""有所为，有所不为"的原则，提出以下禁止发展的产业：

（1）不符合国家产业政策的行业；

（2）大气污染严重的行业；

（3）噪声（振动）污染严重的行业。

2. 鼓励发展的产业

（1）符合规划区规划产业，经济效益明显，对区域环境不造成明显污染，遵循清洁生产及循环经济的项目；

（2）在用水、节水、排水设计等方面达到国内先进水平的项目；

（3）清洁生产标准达到过优于国家先进水平的项目；

（4）医药、食品、机械、轻工、电子、纺织等符合规划区产业规划的行业的项目；

（5）优先引入低污染、低能耗工业企业的项目。

3. 允许发展的产业

除上述禁止、鼓励类以外，规划区及各功能区同时也不排斥本片区主导产业的上下游企业、循环经济项目以及与片区主导产业不相禁忌、不矛盾和不形成交叉影响的企业。

本项目为中药材加工项目，主导产品为中医药原料，位于其中的工业集中区，属于入园企业环境门槛鼓励发展的产业。项目符合国家现行产业政策和相关规定要求、选址与周围环境相容，满足清洁生产的要求，遵循循环经济的原则，企业效益较好，符合入园要求。

综上所述，项目与国家产业政策和区域规划相符。

1.3.3　项目选址的合理性分析

1. 本项目选址于××市××新区产业园，占地约 350 亩

××市规划和建设局对本项目下达了《建设用地规划许可证》，同意项目在××新区产业园高速公路互通路旁地块选址建设。

2. ××市××经济产业带规划为："一心、一园、两轴、三区"

"一心"：片区中心；"一园"：仓储物流园；"两轴"：××大道发展轴、国道 212 线发展轴；"三区"：两个工业集中区、一个居住片区。工业用地分为两个片区，一个工业集中区为原××工业集中区延伸一定范围至××道路，形成连续的工业集中区；另一个为××铁路与××高速公路之间，××路以南，××大道以北围合区域。

本项目建设内容属中药材加工项目，位于规划的工业集中区，占地为工业用地。项目产生的废水经厂内污水站处理后进入园区污水管网，根据××市××新区产业园规划，园区污水经污水主干管道收集排放至下游××新区污水处理厂处理后达标外排。项目符合××市××新区产业园的规划。

3. 项目所在地及其周围均为××市××新区产业园规划的工业用地，经现场踏勘，项目周围无学校、医院、文物保护、风景名胜等环境敏感目标

综上所述，本项目在该区域的选址是合理的。

2　建设项目周围环境现状

2.1　项目周围环境现状

1. 空气环境质量

项目区域环境监测表明，各监测点的各项大气污染物因子均满足《环境空气质量标准》（GB3095 – 2012）二级标准要求。

2. 地表水环境质量

监测表明，嘉陵江评价河段各断面 COD_{Cr}、氨氮等各项指标均满足《地表水环境质量标准》（GB3838 – 2002）中Ⅲ类水域标准。

3. 地下水环境质量

监测表明，项目区域地下水各监测点的 COD_{Mn}、氨氮等各项指标均满足《地下水质量标准》（GB/T14848 – 93）中Ⅲ类水域标准。

4. 声环境质量

监测表明，各监测点昼、夜间噪声监测值均满足《声环境质量标准》（GB3096 –

2008）中 3 类区标准。

2.2　项目环境影响评价范围

1. 施工期：厂址边界外 200m 以内的区域。
2. 营运期（见表 1）

表 1　　　　　　　　　　　　项目环境影响评价范围

环境要素	评价范围
水环境	嘉陵江：污水处理厂排放河段
环境空气	以主导风向为主轴的边长约 5km 的正方形，评价范围 25km^2
声环境	厂界外 200m 范围内
生态环境	面积 2km^2

3　项目环境影响预测及拟采取的主要环保措施与效果

3.1　项目主要污染物类型及处理措施、排放情况

通过对项目生产工艺的分析，项目营运期主要的污染因素如下：

1. 废气

项目废气主要为燃气锅炉烟气和废水处理站异味。另外，项目中药材筛选、切片、粉碎等处理工序将产生粉尘。

2. 废水

主要为中药材清洗水、设备冲洗水、提取中药材原料所剩余的废水及乙醇回收塔排水。

3. 固废

（1）中药材经过拣选、洗切、提取、过筛后，将产生中药材废渣。

（2）成品包装将产生一定量边角废料。

（3）办公区工作人员产生的生活垃圾。

（4）污水处理站污泥。

4. 噪声

项目产生噪声设备主要为粉碎机、离心机、空压机、厂内行驶的车辆等，噪声值一般在 70～90dB（A）范围内。

5. 环境风险

项目主要环境风险为乙醇。

经采取有针对性的处理措施后均可实现达标排放。项目主要污染物处置及排放情况见表 2。

表2　　　　　　项目主要污染物处置及排放情况汇总表

内容类型	排放源	污染物名称	采用的污染治理措施	排放情况
大气污染物	药材粗碎、粉碎、过筛、称量、配料抛光	含药、粉尘	粉尘排放点设单机布袋除尘装置后通过20m排气筒排放，除尘器收集的粉尘送到垃圾填埋场处理	2.2t/a
	锅炉房	SO_2、NO_x、烟尘		0.98t/a 2.874t/a 0.47t/a
水污染物	生产废水	COD_{Cr}、BOD_5、SS	经污水处理站处理后达标排放	污水量：340.1m^3/d COD_{Cr}：100mg/L，8.5t/a BOD_5：20mg/L，1.7t/a SS：70mg/L，5.95t/a NH_3-N：15mg/L，1.28t/a
	生活废水	COD_{Cr}、BOD_5、SS、NH_3-N	经污水处理站处理后达标排放	
固体废物	原料包装	废包装材料	原生产厂家回收	0
	生产车间	中药渣	送入城市垃圾填埋场或做肥料	2530t/a
	生活垃圾	生活垃圾	生活垃圾收集后由环卫部门统一清运至阆中城市垃圾填埋场处置	150t/a
	废水处理站	污泥	送至城市垃圾填埋场处理	50t/a
噪声	公用工程	设备噪声	减振、消声、厂房隔声等综合降噪措施	厂界达标

3.2　项目外环境关系及主要保护目标

项目位于××市××新区产业园，高速公路互通路与××大道交汇处。

项目东北××大道对面为××厂址，东面××大道对面为工业规划用地，北面30m为××村居民、西北面50m为××村、南面70m为××村。项目主要环境保护目标见表3。

表3　　　　　　项目主要环境保护目标

类别	主要保护目标	方位	相对距离	备注	保护要求及级别
噪声、环境空气	××村	北	30m	30户	噪声：厂界达标，不改变区域声环境质量，《声环境质量标》（GB3096-2008）3类标准；环境空气：区域环境空气质量不发生改变，《环境空气质量标》（GB3095-2012）中的二级标准
	××村一、二组	西北	50m	8户	
	××村	南面	70m	42户	
地表水	嘉陵江				水环境质量不发生改变，《地表水环境质量标准》（GB3838-2002）Ⅲ类水域标准

3.3 项目环境影响预测结果

3.3.1 项目施工期环境影响

项目的建设施工将不会引起建设区域内自然景观和生态发生变化。采取相应措施后施工期的扬尘、噪声及生活污水对周围环境和敏感点不会造成明显影响。而且随着项目施工期的结束，其影响也随之消除。

3.3.2 项目营运期环境影响

（1）根据项目工程分析，本项目的大气污染源主要为中药材前处理产生的粉尘、汽车尾气、食堂油烟及锅炉废气；项目排放的大气污染物对区域大气环境影响较小，不会因项目的建设而改变周围局部区域的大气环境功能。从宏观上，项目外排 SO_2、烟、粉尘量较老厂大大减少，对大气环境影响主要表现为正影响。

（2）营运期间，项目外排废水污染物较老厂有所增加，但经处理后达标排放对地表水无明显影响。

（3）工程建成后，实施环评提出的噪声防治措施，不会对环境造成明显影响，噪声不扰民。

（4）项目固废均得到妥善处置，对环境不会产生不利影响。

3.4 项目污染排放执行标准、治理措施及达标排放情况

（1）锅炉烟气：采用清洁能源天然气做原料，燃烧废气直接经 15m 排气筒达标排放；

（2）粉尘：中药处理车间设有空调机组和通风设施，各粉尘排放点有收尘装置。在对产品进行粉碎的过程中，由于是封闭式粉碎，产品粉碎过程中产生的粉尘极少，不对大气产生较大影响。各排放源粉尘排放浓度满足《大气污染物综合排放标准》（GB16297－1996）中二级标准。

（3）污水处理系统恶臭：污水处理站废气主要是水处理构筑物在处理废水过程中，水体表面挥发到大气中的无组织排放废气。由于本项目废水处理规模较小，仅为 $218.5 m^3/d$，因此污水处理过程中产生的臭气对环境影响较小。

（4）废水：项目主要废水为生产废水和员工生活废水（含食堂废水）。项目废水在园区污水厂未建成前，经自建废水站处理达到《提取类制药工业水污染物排放标准》（GB21905－2008）表 2 排放标准，再排入市政污水管网。

（5）噪声：项目设备选型选择符合国家标准的设备，优化厂区总平面布置，对各设备采用隔声、减振、吸声、消声处理后，厂区产生的噪声对外界的影响较小。可满足《工业企业厂界环境噪声排放标准》（GB12348－2008）中 3 类标准要求。

（6）固废：本项目产生的固废主要是中药渣、生产车间布袋除尘器回收粉尘、污水处理站产生的污泥及生产、生活垃圾及各生产车间产生废弃包装残材。中药渣处置方式主要是作饲料添加剂、农肥或送至垃圾场处置；办公与生活垃圾在厂内分类收集，定

点堆放，委托××市市政环卫部门进行统一处置；废包装材料集中收集出售，由原包装材料公司回收；废水处理站污泥送至垃圾填埋场处置。

（7）地下水污染防治措施：项目在实施过程中对废水、废液产生源点采取了严格的防渗，及事故废水收集措施，排水管网定期迅检，杜绝地下水污染隐患，项目废水正常排放不会对地下水造成影响。环评要求企业必须进行防渗处理，杜绝地下水污染事故的发生。

3.5 项目环境风险影响分析

根据《危险化学品重大危险源辨识》，本项目乙醇储存构成重大危险源。主要风险事故为储罐区乙醇的泄漏。

项目采取完善的安全防范措施，抗事故风险能力较强，因此最大可信事故（乙醇因管道、阀门或罐体破损而泄漏）风险率确定为 1×10^{-5}，低于可接受的事故风险率，说明项目既有一定风险，又可以采取措施加以避免。环境风险水平是可以接受的。通过预测分析，乙醇泄漏对周围环境敏感点的影响较小。通过可靠的安全防范措施，本项目在整改后将能有效地防止火灾、爆炸、中毒等事故的发生，一旦发生事故，依靠安全防护设施和事故应急措施也能及时控制事故，防止事故的蔓延。减少事故带来的人员伤亡、财产损失和环境影响。

3.6 项目环境保护措施的技术、经济论证结果

本项目针对大气、水、噪声、固废等污染物采取严格的环保措施，确保大气、水、噪声污染物达标外排，固废得到综合利用或妥善处置，不会对周围环境造成影响。项目所采取的环保措施有针对性，环保措施投资适中、处理技术成熟可靠，可确保污染物达标排放、满足环保要求。项目所采取的环保措施可行。

3.7 项目对环境影响的经济损益分析结果

工程建设在取得一定的经济效益和社会效益的同时，不可避免地将产生和排放一定的污染物，需投入一定环保治理经费，实现经济建设与环境保护的协调发展。采取环保措施治理后，可以减轻污染物的排放量，增大原料利用率，同时为企业取得较好的经济效益，从工程环境经济损益的角度分析，本工程产生的社会、经济、环境效益是显著的。

该项目的建设符合国家的产业政策，符合××市工业园区总体规划，生产过程中的污染物能得到有效控制，对周围环境的影响小。

因此，项目的建设具有良好的社会效益、经济效益和环境效益。

3.8 项目卫生防护距离

根据工程分析的有关内容，通过相类似的企业调查，为保护人民群众身心健康，从

安全的角度出发，提出以提取车间、废水处理站为中心，设置50m的卫生防护距离。

在本项目设置的卫生防护距离内没有住户，因此不涉及搬迁。

3.9 项目实施后建设单位拟采取的环境监测计划及环境管理制度

3.9.1 项目实施后建设单位拟采取的环境监测计划

本项目污染源监督性监测工作由当地环保部门的环境监测站进行。建议监测内容见表4。

表4   项目实施后的环境监测计划

类别	监测点位	监测项目	监测频率
环境空气	办公区、邻近居民点等	PM_{10}、SO_2、乙醇	每年一次，每次连续监测5天
废气	除尘器排气口	粉尘	每季度监测一次
	厂界	乙醇无组织排放浓度	
	车间	乙醇无组织排放浓度	
废水	废水总排口	PH、COD_{Cr}、SS、BOD_5、NH_3-N、乙醇	每季度监测一次
噪声	厂界四周	等效连续A声级	每半年监测一次，每次2天，每天昼夜各1次

3.9.2 建设单位拟采取的环境管理制度

（1）结合该项目的工艺贯彻落实公司的环保方针，根据公司的环境保护管理制度确定各部门、各岗位的环境保护职责和规章制度，并遵守国家、地方的有关法律、法规以及其他相关规定。

（2）严格执行环保规章制度。建立健全工程运行过程中的污染源档案、环保设施和工艺流程档案。按月统计污染物排放的有关数据报表和环保设施的运行状况。

（3）对环保设施、设备进行日常的监控和维护工作，并做好记录存档。

（4）做好环境保护、安全生产宣传，以及相关技术培训等工作。

（5）加强管理，建立废水、废气非正常排放的应急制度和响应措施，将非正常排放的影响降至最低。负责全厂危险品的贮运、使用的安全管理；防火防爆、防毒害的日常管理及应急处理、疏散措施的组织。

（6）推进ISO14000认证和清洁生产审核，提高企业环境管理的系统化、专业化水平。树立企业良好环保形象。

（7）配合地方监测站对厂内各废气、废水、污染源进行监测，检查固废处置情况。

4　公众参与

4.1　目的和作用

任何一个项目的建设，从规范、设计、施工建成直至营运必将对周围自然环境和社会环境带来有利或不利的影响，从而直接或间接影响附近地区民众的生活、工作、学习、休息。这些民众是项目直接或间接的受益者或受害者，他们的参与可以弥补环境评价中可能存在的遗漏和疏忽，他们对项目的各项意见和看法能使项目的规划设计更完善、更合理，使环保措施更实际，从而使项目发挥更好的环境效益、社会效益和经济效益。

通过公众参与，让更多的人认识了解本项目的意义及可能引起的环境问题，得到大众的支持和谅解，也有利于项目顺利进行。另外，公众参与对于提高公民的环境意识，自觉参与环境保护工作具有积极的促进作用。

4.2　方法和原则

根据原国家环保总局发布的《环境影响评价公众参与暂行办法》，本次环评制定了公众参与的方式，以网上公示与发放调查表相结合的方式进行。其中，网上公示分别在环评初期进行项目建设内容的网上公示，以及在环评末期进行环境影响报告书简本的网上公示。

调查以代表性和随机性相结合为原则。所谓代表性是指被调查者应来自社会各界，具有一定比例。随机性是指被调查者的选择应具有统计学上的随机抽样特点，在已确定样本类型的人群中，随机抽取调查对象，调查对象的选择应是机会均等，公正不偏，不带有调查者个人感情色彩的主观意向。

调查表格设计首先选择与公众关系最为密切的问题作为调查内容，其次为节省被调查者填写时间与统计方便，调查回答多以选择划"√"方式进行。表格样表见表5。

表5　　　　　　　　　××建设项目公众意见调查

项目名称：××药业医药产业基地生产项目

项目情况：
　　××药业股份有限公司成立于1997年，注册资金76440万元，是集中药饮片、化学原料药、制剂生产、药品研发及药品、医疗器械营销于一体的大型医药上市公司、国家重点高新技术企业。为扩张中药饮片和中药材贸易、拓宽OTC产品线，通过并购，投资30000万元人民币，进行中药饮片生产车间、化学药品生产车间等的改造与建设，生产设备的购置与安装，以及环保绿化等相关公用辅助工程的建设。项目规划用地面积350亩，总建筑面积100000m²。

姓名：　　　性别：　　年龄：　　职业：　　　文化程度：
住址：　　　　　　　　　　联系方式：

本项目的建设对您

生活　有正影响□　有负影响□　有负影响但可承受□　无影响□

学习　有正影响□　有负影响□　有负影响但可承受□　无影响□

工作　有正影响□　有负影响□　有负影响但可承受□　无影响□

娱乐　有正影响□　有负影响□　有负影响但可承受□　无影响□

本项目的建设对周围居民的影响

有正影响□　有负影响□　有负影响但可承受□　无影响□

本项目的建设对当地经济建设的影响

有正影响□　有负影响□　有负影响但可承受□　无影响□

本项目对当地环境的影响程度

影响较大□　有影响但可以接受□　无影响□　不知道□

兴建该项目对嘉陵江水质的影响

有正影响□　有负影响□　有负影响但可承受□　无影响□

对本项目的建设所持的态度

支持□　不支持□　无所谓□

其他意见和建议:

4.3　公众调查结果

4.3.1　网上公示

建设单位在人民政府政务服务网上对本项目进行了公示,公示时间从××××年×月~××××年×月,公示内容包括项目概况、项目建设主要环境影响、环境影响评价主要工作内容以及环境影响评价程序等。提供了收集公众信息的专用邮箱地址,在公示期间未收到有公众的反对信息。

4.3.2　表格调查

1. 调查表调查对象的构成情况

项目调查表调查对象主要为项目周围的农户、占地搬迁住户及城区人群,根据表格拟定的内容,直接咨询调查。计划发放调查表100份,调查对象主要为项目所在地周边农户、工人、教师、学生、干部、人大代表、公务员等各行各业人群。调查共发放调查表100份,收回100份,回收率为100%,其人员构成情况见表6。

表6　　　　　　　　　　　　　　　公众调查人员构成情况

职业	经商	工人	公务员	退休	自由职业	其他	合计
人数	2	60	12	3	3	20	100
百分比（%）	2	60	12	3	3	20	100
年龄段	≤19	20~29	30~39	40~49	50~59	≥60	合计
人数	1	30	29	34	4	2	100

职业	经商	工人	公务员	退休	自由职业	其他	合计
百分比（%）	1	30	29	34	4	2	100
文化程度	大学	大专	中专	高中	初中	小学	合计
人数	4	29	8	42	17	0	100
百分比（%）	4	29	8	42	17	0	100

从表6可知道，被调查人员中，当地经商人员占2%，工人占60%，其他占20%。由于本项目处于××新区产业园内，故本次调查人员中当地厂区工作人员、经商人员及其他来往人员为主要对象。

年龄段方面，≤19岁的占1%，20~29岁占30%，30~39岁占29%，40~49岁占34%，50~59岁占42%，≥60岁占2%。

文化程度方面，大学占4%，大专占29%，中专占8%，高中占42%，初中占17%，小学占0%。

本次调查无论从被调查者的年龄段、涉及的行业还是文化程度的高低来看，应该说是比较全面地反映了当地公众对本项目环境影响问题的态度和对环境影响评价的参与意识。

2. 调查表统计结果与分析评价

调查表统计结果见表7。

表7　　　　　　　　　　　　公众参与调查结果

序号	调查内容	调查统计结果	
1	本项目的建设对您生活的影响	有正影响	21
		有负影响	0
		有负影响但可承受	4
		无影响	75
2	本项目的建设对您学习的影响	有正影响	15
		有负影响	0
		有负影响但可承受	4
		无影响	81
3	本项目的建设对您工作的影响	有正影响	61
		有负影响	0
		有负影响但可承受	2
		无影响	37

序号	调查内容	调查统计结果	
4	本项目的建设对您娱乐的影响	有正影响	1
		有负影响	0
		有负影响但可承受	2
		无影响	97
5	本项目建设对周围居民的影响	有正影响	9
		有负影响	1
		有负影响但可接受	15
		无影响	75
6	本项目的建设对当地经济建设的影响	有正影响	81
		有负影响	0
		有负影响但可承受	0
		无影响	19
7	本项目对当地环境的影响程度	影响较大	1
		有影响但可以接受	24
		无影响	64
		不知道	11
8	兴建该项目对嘉陵江水质的影响	有正影响	0
		有负影响	0
		有负影响但可承受	20
		无影响	80
9	您对本项目建设的态度	支持	100
		不支持	0
		无所谓	0
10	其他建议和意见：（1）抓紧时间按质按量完成建设；（2）建设方应在设计施工中充分考虑建成投产后设备的噪声、废气、废水处理问题。		

调查结果表明，支持本项目建设的有 100 人，占 100%，无人反对本项目的建设。认为本项目建设对周围居民无影响的有 75 人，占 75%，有影响但可接受的有 15 人，占 15%；被调查对象认为本项目建设对发展地方经济有利的占 79%；认为对被调查者正常学习、生活、工作有不利影响的占 0%；被调查对象全部认为本项目建设对环境有影响但可以承受。

4.4 公众调查意见分析评价

从以上调查意见统计结果可以看出：

（1）本次调查范围较广，接受调查的人群较有代表性，可以认为本次调查基本代表了各方面人士的意见。主要调查了拟建地周边受影响的住户，项目的公众参与具有代表性。

（2）接受征询的人员中，多数对此项目表示积极支持态度，少数持无所谓的态度，无人反对。说明社会各界人士都希望搞好本项目的建设。

（3）绝大多数人认为本项目的建设对促进社会经济发展会起到极其重要的作用。但也有人认为本项目的建设，对自然和生态环境会产生负面影响。因此，本项目在建设工程中应加强环保基础设施的建设，确保当地的自然环境和生态环境不遭到破坏。

（4）接受询问的居民中，对此项工程的建设提出了各种希望、要求和建议，在表示赞同与支持的同时，都期望加快开发进度，让当地居民能尽快享受到本工程为他们带来的实惠。

因此，从总体上看，调查问卷中所反映的民心、民意上看，项目建设得到了广大人民的支持。

■ 5 项目环境影响评价结论

项目与当地规划相容，符合国家产业政策，生产工艺符合清洁生产要求，工程投产后，工程外排污染物对周围环境不会产生污染性影响，也不会改变其环境功能。工程贯彻了清洁生产原则，污染物能达标排放。全面认真落实本报告书提出的各项环保措施，从环境保护角度分析，该项目在××产业园进行建设是可行的。

案例二 ××水泥有限责任公司年产 100 万吨水泥生产线项目

 1 项目基本情况

××水泥有限责任公司基本情况如表1所示。

表1 ××水泥有限责任公司基本情况

项目名称	100 万吨水泥生产线项目				
建设单位	××水泥有限责任公司				
法人代表	×××		联系人	×××	
通信地址	××旗×××镇×××村				
联系电话	××××××××	传真	—	邮政编码	××××××
建设地点	××旗×××镇××村				
立项审批部门	××旗经济和信息化局		批准文号	××经信发〔2015〕第 24、25 号	
建设性质	新建■改扩建□技改□		行业类别及代码	C3011 水泥制造	
占地面积（m²）	106000		绿化率（%）	19.40	
总投资（万元）	10103.93	其中：环保投资（万元）	160	环保投资占比	1.58%
评价经费（万元）	/		预期投产日期	2016 年 12 月	

 2 项目由来

××水泥有限责任公司位于××旗，项目总投资 10103.93 万元，建设 100 万吨水泥生产线项目。该项目已于 2015 年 6 月 10 日获取由××旗经济和信息化局颁发的建设项目备案批复。

根据《中华人民共和国环境影响评价法》和《建设项目环境保护管理条例》的有关规定，应当在建设项目可行性研究阶段对该项目进行环境影响评价。为此，××水泥有限责任公司委托××环评单位承担本工程的环境影响评价工作，办理环境影响评价手续。××环评单位在接受委托后，组织有关技术人员进行现场勘察，利用工程项目的有关资料，在分析工程项目特点、建设项目所在地的自然环境状况、社会经济状况的基础上，按照环境影响评价大纲的要求编制环境影响报告书。通过环境影响评价，预测项目建成后对周围环境影响的范围和程度，并提出了环境污染控制对策，为建设项目的工程设计和环境管理提供科学的依据。

3 建设地点及规模

项目位于××旗××镇××村。规模为建设年产100万吨水泥生产线项目。

3.1 项目组成及实施方案

本项目准备利用北方地区水泥生产和销售具有明显季节性的特点，实行水泥与冬季采暖错峰生产，年产水泥100万吨，生产期为210天，生产期产量4672t/d。项目工程组成见表2。

表2　　　　　　　　　　　　　项目工程组成表

工程类别	单项工程名称	工程内容	备注
主体工程	水泥粉磨生产线	年产100万吨水泥粉磨生产线	工艺为配料、粉磨、包装等
辅助工程	料棚	建筑面积：1500m²	储存熟料和石膏
	熟料储存库	1个、φ12×24m 圆库储存量：3000t 建筑面积：1350m²	
	配料库	1个、φ3×8m 建筑面积：2826m²	
	脱硫石膏	1个、面积4×4×6m 储存量：1000t	
	粉煤灰	1个、φ4×15m 储存量：1000t	
	矿渣	1个、φ4×15m 储存量：1000t	
	水泥库	2×3000m²	
公用工程	供电工程	提供生产及配套设施用电	由市政提供
	供水工程	提供生产、生活、绿化用水	由市政提供
	排水工程	项目生产废水直接用于逸尘，生活污水经一体化污水处理设施处理后，用于抑尘	

工程类别	单项工程名称	工程内容	备注
环保工程	废气	熟料仓、配料库、磨机、水泥库除尘设施	达标排放
	废水	经一体化污水处理设施处理后，用于逸尘	达标排放
	噪声	本项目产生的噪声主要为粉磨机、风机、除尘器等设备产生的噪声，对大噪声设备集中布置，并设置基础减振、消声器、采取隔声措施	
	固废	除尘器	收集的粉尘回收利用
		生活垃圾集中后放置垃圾收集桶	由环卫清理

3.1.1　主体工程

水泥粉磨采用由新型 MQ 球磨机、KD－IX 高效三分离选粉机组成的圈流水泥粉磨系统。四种物料经喂料计量设备按比例卸出后，由胶带输送机送至辊式磨＋水泥磨内进行粉磨，出磨物料由斗式提升机送入高效选粉机中进行分选，粗粉回磨继续粉磨，水泥成品由气箱脉冲袋式收尘器收集后由空气输送斜槽、斗式提升机送入水泥库中储存。水泥粉磨系统废气经高效气箱脉冲袋式器净化后排入大气。

3.1.2　粉煤灰

粉煤灰由汽车运送进厂，直接气力输送至粉煤灰库内储存，库底设有配料秤。按一定的配比送至磨物料的斗提内，和出磨物料一起提升至高效选粉机中进行分选，粗粉回磨，细粉即水泥成品送水泥库中储存。

3.1.3　水泥储存及输送

水泥储存采用 $\phi 12 \times 24m$ 水泥库，总储量为 3000t。出库水泥由库底卸料装置卸出后，由胶带输送机、斗式提升机、空气输送斜槽送入水泥包装车间和水泥散装仓。

3.1.4　水泥包装及发送、水泥散装

水泥包装采用 3 台八嘴回转式包装机，每台包装机的能力为 60～80t/h。出库水泥经斗式提升机、空气输送斜槽送入包装机的中间仓，或送入水泥散装仓。包装好的袋装水泥，经卸袋输送系统送入袋装水泥成品库内储存，也可直接装车发运。

3.1.5　压缩空气站

新购 4 台 OGFD－13/8 型压缩机及冷冻式空气干燥装置。该压缩空气站为脉冲袋收尘器、各气动装置等设备提供气源。

3.2　公用及辅助工程

3.2.1　供电工程

厂区附近变电所，专线供电，3000KVA，作为水泥磨、包装机、选粉除尘器和配备完整的实验、检验设备仪器及在寒冷环境条件下的特殊用电设备等一级负荷使用的保安电源。

3.2.2　给排水工程

（1）供水系统。

本厂由场外地表裂隙水供水系统提供的补充水，通过升压后，利用输水管道进入新

建厂区后，分别送至水泥生产线的循环冷却水池和生活消防水池及主厂房工业用水。厂区供水项目包括生产循环冷却系统供水及辅助用水，生活、消防系统供水，采暖供热系统供水、回水和其他设施用水。

（2）排水系统。

水泥厂厂区排水系统实行清污分流。废水为循环水、池排水与生活污水。其中生活污水经自备的生活污水处理设施处理达《污水综合排放标》（GB8978-2002）一级标准后用于厂区绿化、抑尘。循环水池排水经沉淀处理达《污水综合排放标准》（GB8978-2002）的一级标准后，用于厂区道路洒水、堆场洒水、绿化用水。

3.3 环保工程

本工程对周围地区环境质量的影响主要是粉尘污染，在输送、粉磨、包装等生产过程中，几乎每道工序都产生和排放粉尘，这其中主要有熟料粉尘、混合性粉尘、水泥粉尘等。这些粉尘绝大多数是有组织排放的尘源，只有一少部分是在堆场和物料装卸过程中自由发散的无组织排放的尘源。

为了有效地控制各个扬尘点的粉尘，工艺设计中尽量采用密闭设备和密闭式的储库、降低物料的转运落差，含尘气体经高效除尘设备净化达标后有组织的排放。

本工程主要噪声来源于水泥磨及空压机。这些噪声声源的声级大多在85~110dB（A）范围，本设计采用厂房屏蔽及其他方式减弱噪声向外传播。车间内的噪声防治主要以保护操作工人的身心健康为目的，减短工人接触高音噪声的时间。另外，对噪声的控制也从工艺方面着手加以辅助解决。如磨机选用沟槽衬板等。采用以上措施后，可使噪声污染强度满足《工业企业厂界噪声标准》的要求。

根据本工程实际情况及本评价报告中所提出应采取的各种环境保护措施，估算本项目环境保护投资总计160万元。环境保护投资估算明细见表3。

表3 环保投资明细表

工程阶段	项目	治理内容	环保投资（万元）	备注
施工期	废气治理	施工扬尘、道路扬尘	9	围挡、洒水、洗车平台等
	废水治理	施工废水	9	沉淀池、隔油池
	固体废物治理	建筑垃圾收集	6	定点集中堆放、定期清运
	噪声治理	机械噪声	15	噪声消音减震等设施
运营期	废气	原料库、球磨系统、水泥库等	54	收尘器收尘
	废水	生产污水	3	回用抑尘
		生活污水	12	一体化水处理系统、污水管网等
	固体废物	生产垃圾	9	集中回用或出售
		生活垃圾	15	分类收集及时清运

工程阶段	项目	治理内容	环保投资（万元）	备注
运营期	噪声治理	机械噪声	21	噪声消音减震等设施
	绿化	绿地及景观	8	绿化率19.40%
合计			160	

4　项目主要原辅材料

该项目主要原辅材料消耗情况见表4。

表4　　　　　　　　主要原辅材料消耗情况表

物料名称		天然水分（%）	物料配比（%）	物料年消耗量（t）	
				干燥物料	含天然水分物料
水泥1	熟料		50	250000.00	250000.00
	矿渣	1	3	15000.00	15069.60
	粉煤灰	1	46	230000.00	232300.00
	脱硫石膏	1	1	5000.00	5488.56
	P. C32.5		100	500000.00	
水泥2	熟料		60	300000.00	303000.00
	矿渣	1	3	15000.00	15069.60
	粉煤灰	1	36	180000.00	181792.80
	脱硫石膏	1	1	5000.00	5488.56
	P. C42.5		100	500000.00	
合计	熟料			550000.00	
	矿渣	1		30000.00	32931.36
	粉煤灰	1		410000.00	1450948.96
	脱硫石膏	1		10000.00	10977.12
	水泥			1000000.00	

说明：（1）各种物料生产损失按1%计；（2）水泥磨运转率按210天计。

5　主要设备一览表

主要设备如表5所示。

表5   项目主要设备一览表

序号	名称	规格型号	数量（台/套）	备注
1	球磨机	φ3.6×7m 新型 MQ 球磨机	3	
2	选粉机	O3011 型高效选粉机	4	
3	除尘器		9	
4	包装机	LB50 型包装机	3	
5	风机		12	
6	空压机		4	

6 工作及劳动定员

该项目劳动定员40人，实行三班运转工作制，每天工作24小时，年工作210天。

7 建设项目所在地自然环境、社会环境简况

7.1 自然环境简况（地形、地貌、地质、气候、气象、水文、植被、生物多样性等）

7.1.1 自然地理、气象水文

本项目位于××市××旗××镇××村，工程所在地区处于内蒙古高原，北部为山地，位于阴山山脉中段之大青山中部，属温带大陆性季风气候。××旗地处亚洲大陆腹地，属中温带半干旱大陆性季风气候，主要气候特征为四季分明，温差大，干旱少雨，蒸发量大，日照充足。冬季寒冷少雪，夏季高温炎热降雨集中，春季干燥多风，秋季清爽而湿润，但降水年际年内分配不均匀，年最多降水量可达600mm以上，而年最少降水量只有131mm；年内降水量主要集中于6～9月份，尤其是7～8月份的降水量可占多年平均降水量的55%；多年平均蒸发量是多年平均降水量的6倍以上，这也是造成当地气候干燥多风沙天气的原因之一。根据多年历史资料统计，年均温7.4℃，平均降水量347.3mm，平均相对湿度53%，年平均气压896hPa，平均风速2.4m/s，静风频率为17.3%，一年中春季风速最大，大风期集中在3～5月。全年主导风向为东（E）风，频率为12.1%；次主导风向为西（W）风，频率为9.7%；冬季以西（W）风为主，夏季以东（E）风为主。

××旗境内河流水系主要有大黑河、小黑河、什拉乌素河、哈素海及沿山各大小山沟水，平均年径流量4.1亿 m^3，年产地表水1.8亿 m^3，地下水2.3亿 m^3，每年引黄河水入境7336万 m^3。地下水资源丰富，年开采量为3.2亿 m^3。全旗水利工程有哈素海水库、红领巾水库、万家沟水库、五一水库等，水库总库容蓄水量1.6亿 m^3。

7.1.2 矿产、林业、动植物资源

境内矿产资源十分丰富，现已探明的金属和非金属矿藏 48 种，具有开采价值的无烟煤、黄金、石棉、泥炭、石墨、云母、紫砂陶土等 10 余种，其中尤以紫砂陶土、石墨、泥炭最具开采价值。

全旗有林地面积 22043hm²，用材林地面积 1772hm²，总蓄积量 703998m³，草场面积 28 万亩，养殖水面积 4.5 万亩，野生动物有狍子、鹿、青羊、狐狸等 30 余种，野生植物 400 余种。

7.1.3 水文地质条件

项目所在区出露地层为新生界第四系冲湖积地层（Q3 - 4al + pl），岩性为黄色粉质黏土、粉土与粉砂、粉细砂，岩层厚度 80 ~ 130m。松散岩类孔隙潜水广泛分布于项目所在区域，含水层岩性以粉细砂为主。水位埋深一般在 5.0 ~ 7.0m，涌水量 100 ~ 500m³/d，水质较好，水化学类型为 HCO_3 - Mg·Na 型或 HCO_3 - Na·Mg 型水。溶解性总固体小于 1.0g/L，$Cl^- + SO_4^{2-}$ 含量小于 500mg/L，水文地质条件良好。

7.1.4 交通运输条件

拟建厂址位于 × × 旗 × × 镇 × × 村，东距呼和浩特 50km 处，西距包头 100km，南距托克托县 60km，距 110 国道 2km，厂区道路平坦，交通运输条件良好，原材料进厂、产品发运十分便利。

7.2 社会环境简况（社会经济结构、教育、文化、文物保护等）

× × 旗隶属呼和浩特市管辖，全旗现辖 7 个镇、2 个乡：察素齐镇、毕克齐镇、善岱镇、白庙子镇、台阁牧镇、敕勒川镇、沙尔沁镇；塔布赛乡、北什轴乡。全旗总人口 35.5 万人，其中农业人口 30.8 万人，占总人口的 86.88%；总面积 2712km²，其中，山地面积约占全旗总面积的 33.5%，平原面积约占全旗总面积的 66.5%。辖区内有汉族和蒙古、回、满、朝鲜、达斡尔、俄罗斯、白、黎、锡伯、维吾尔、壮、鄂温克、鄂伦春等少数民族。

× × 旗工业生产已形成一定的规模。工业产业化进程高速推进。工业以化工、建材、机械、轻纺、酿酒等为重点，主要产品有化工部优质产品骏马牌碳酸氢铵、自治区免检产品土默川牌水泥，远销国内外的紫砂陶瓷、汉宫地毯、石墨、羊剪绒制品等。传统工业以市场为导向，在体制创新、工艺革新等方面大做文章，发展空间不断扩大。新兴起的善岱花炮园区、沙尔营工业园区着眼于"专、精、特、新"，不断提高产品质量，品牌知名度与日俱增。

近年来，× × 旗畜牧业发展迅猛，特别是奶牛养殖业，在伊利、蒙牛两大乳业集团的带动下，已成为全国第一奶牛养殖大旗（县）。× × 旗人民政府同内蒙古伊利实业集团签订合约联手建设国家级敕勒川精品奶源基地，新建牧场，依靠现代化、国际化的牧场设施设备及先进的管理理念，实施规范化、集约化、标准化的饲养管理。

截止到 2012 年，全旗已经兴建千头奶牛牧场 120 个，饲养奶牛约 30 万头，目前全

旗 60% 的奶牛入区饲养，每年将向企业提供优质原奶 130 万吨。目前已经成为蒙牛、伊利的重要原奶来源地。

近年来，该旗"绿色瓜菜水产基地"规模不断扩大，共新建蔬菜保护地 5239.4 亩，主要集中在毕克齐、兵州亥、白庙子、察素齐等乡镇、区域服务中心，至 2013 年，蔬菜种植总面积 2.99 万亩，总产 11.9 万吨，瓜类种植面积 3.86 万亩，总产 8.78 万吨，初步形成了以保护地蔬菜为主，食用菌、矮生果树为辅，特色瓜果为补充的种植格局。全旗渔业养殖面积 4.5 万亩，水产品捕捞量 3696 吨，主产水产品均获农业部有机食品质量体系和自治区无公害水产品认证。

在 ×× 旗粮食作物中，种植面积最大的是玉米，共 71.81 万亩，占粮食作物面积的 84.7%，占农作物播种面积的 63%，2012 年玉米播种面积 80 万亩。全旗药材种植总面积达到 0.59 万亩，饲草类作物种植面积达到 50.3 万亩。

8　评价适用标准

8.1　环境质量标准

（1）《环境空气质量标准》（GB3095—2012）二级标准。

（2）《地下水环境质量标准》（GB/T14848 – 93）Ⅲ类标准。

（3）《声环境质量标准》（GB3096—2008）中Ⅱ类标准。

8.2　污染物排放标准

（1）《水泥工业大气污染物排放标准》（GB4915 – 2013）表 1 现有与新建企业大气污染物排放限值。

（2）《工业企业厂界环境噪声排放标准》（GB12348 – 2008）2 类区标准。

（3）《污水综合排放标准》（GB8978 – 2012）一级标准。

（4）《一般工业固体废物贮存、处置场控制标准》（GB18599 – 2001）。

8.3　总量控制标准

本项目采暖期不生产、不设锅炉，无 SO_2、NO_x 有组织排放，项目废水全部回收利用，不外排。所以，本项目无需申请总量控制指标。

9　建设项目工程分析

9.1　工艺流程及产污环节分析

水泥生产工艺流程如图 1 所示。

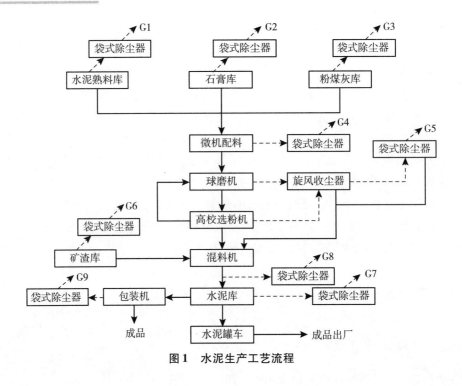

图 1 水泥生产工艺流程

9.1.1 熟料储存及输送

本项目选用的熟料是××水泥股份有限公司的水泥半成品熟料，熟料外购经汽车运输进厂后在料场内存放，经皮带机输送至熟料库内。其成分含量见表6和表7。

表6   熟料的化学成分（%）

化学成分	LOS	SiO$_2$	Al$_2$O$_3$	Fe$_2$O$_3$	CaO	MgO	fCaO
百分比	0.28	22.25	6.06	3.05	64.05	0.97	1.63

表7   熟料的矿物组成（%）

矿物组成	C$_3$S	C$_2$S	C$_3$A	C$_4$AF
百分比	30.17	42.51	10.89	9.27

产污环节：在熟料仓仓顶产生粉尘G1，经袋式除尘器处理后于20m排气筒排放。

9.1.2 石膏进场与储存

本厂脱硫石膏由××脱硫石膏制球厂满足供应，由汽车运输进厂卸至料场，经皮带机输送至石膏圆库内。

产污环节：在石膏仓仓顶产生粉尘G2，经袋式除尘器处理后于15m排气筒排放。

9.1.3 粉煤灰储存

本厂选用的混合粉煤灰来源于××电厂和××电厂，由汽车运输至厂内，由空气输送斜槽输送至粉煤灰圆库内。

产污环节：在粉煤灰仓仓顶产生粉尘 G3，经袋式除尘器处理后于 20m 排气筒排放。

9.1.4 水泥配料及输送

该生产线在圆库底部设 1 套微机配料系统，库底分别设计量秤，熟料、石膏按一定的比例计量后，再经皮带机送到水泥磨机。

产污环节：在配料机收尘系统产生粉尘 G4，经袋式除尘器处理后于 20m 排气筒排放。

9.1.5 水泥粉磨

水泥粉磨系统采用由球磨机开路水泥粉磨系统，由微机配料后的混合料经胶皮运输带喂入磨机，粉磨后的混合料由斗式提升机送入高效选粉机中进行分选，粗粉回磨继续粉磨，水泥成品由空气输送斜槽、斗式提升机送入水泥库中储存。球磨机出料口气体与高效选粉机出口气体均由旋风收尘器收集，合格水泥成品由空气输送斜槽、斗式提升机送入水泥库中储存。旋风收尘器出口气体进入袋式除尘器。

产污环节：除尘系统产生粉尘 G5，经袋式除尘器处理后于 15m 排气筒排放。

9.1.6 矿渣粉储存

矿渣来源于××炼铁厂，由汽车运输至厂内，由吊机抓至皮带机受料斗，经皮带机输送至矿渣微粉圆库内。

产污环节：在矿渣仓仓顶产生粉尘 G6，经袋式除尘器处理后于 20m 排气筒排放。

9.1.7 水泥储存及输送

该生产线设置 2 座水泥圆库，水泥库底设有减压锥及充气装置，由螺杆压缩机供气。出库水泥经库底卸料装置、胶带输送机、提升机、空气输送斜槽送至水泥包装系统或是汽车散装系统。

产污环节：在水泥仓仓顶除尘系统产生粉尘 G7，经袋式除尘器处理后于 18m 排气筒排放。

9.1.8 混料

磨机出磨水泥与提升机输送过来的矿渣微粉一起进入混料机内进行混合。

产污环节：在混料机除尘系统产生粉尘 G8，经袋式除尘器处理后于 15m 排气筒排放。

9.1.9 水泥包装

包装车间安装 1 台 8 嘴回转式水泥包装机，8 嘴回转式包装机能力为 90t/h。出库水泥经斗式提升机、空气输送斜槽送入包装机的中间仓，或送入水泥散装仓。包装好的袋装水泥，经卸袋输送系统送入袋装水泥成品库内储存，也可直接装车发运。

产污环节：水泥包装线除尘系统产生粉尘 G9，经袋式除尘器处理后于 18m 排气筒排放。

9.1.10 原料堆场及车辆运输

在熟料库中有无组织排放的粉尘 G10 的产生。

9.2 污染源源强分析与核算

9.2.1 施工期

施工期对环境产生影响的因子有施工扬尘、施工废水、固体废物、施工噪声等，见表8。

表8　　　　　　　　　　　　　　项目主要污染物产生及预计排放情况

内容类型	排放源（编号）	污染物	产生浓度及产生量		排放浓度及排放量	
			mg/m³	t/a	mg/m³	t/a
大气污染源	G1　熟料仓仓顶	粉尘	2400	46.66	12	0.23
	G2　石膏仓仓顶	粉尘	2200	0.95	12	0.01
	G3　粉煤灰仓仓顶	粉尘	2500	37.80	12	0.19
	G4　配料机收尘系统	粉尘	2400	88.13	15	0.44
	G5　球磨机末端除尘系统	粉尘	1800	0.78	15	0.01
	G6　矿粉仓仓顶	粉尘	2400	3.11	12	0.02
	G7　水泥仓仓顶	粉尘	2600	89.86	12	0.45
	G8　混料机除尘系统	粉尘	2500	91.80	12	0.46
	G9　包装线除尘系统	粉尘	2500	91.80	12	0.46
	G10　熟料库无组织排放	粉尘	0.4	1.5	0.4	1.5
水污染源	生活污水	COD	400	0.12	100	29
		BOD₅	250	0.07	20	6
		SS	300	0.09	20	6
		氨氮	25	0.01	15	4
		动植物油	50	0.01	10	3
		废水	/	288	/	0
	冷却循环排污水	主要含盐类	/	143	0	

固体废物	类别	污染物	产生量（t/a）	排放量（t/a）
	生产固废	含铁矿渣	126t/a	0
	生活垃圾	生活垃圾	3.60t/a	3.60t/a
	除尘器	粉尘	448.62t/a	0

噪声	施工期噪声主要为挖掘机、装载机、推土机等建筑机械设备及运输车辆等产生噪声值变化范围为70～100dB（A）之间。营运期噪声主要来源于生产设备噪声，噪声源强值范围在75dB（A）~105dB（A）之间。
其他	

1. 废水

主体工程建设中拌料排放废水，施工人员产生生活污水。

2. 废气

项目施工期间，土石方的开挖、回填、建筑垃圾装卸、堆放产生扬尘；场地的平整过程产生扬尘；施工材料装卸、堆放产生扬尘；材料运输车辆往来产成扬尘；施工垃圾的堆放和清运过程中产成扬尘。

3. 噪声

施工期各施工机械产生的噪声，施工中频繁来往的车辆也会产生噪声。施工不同阶段将产生不同程度的噪声污染。

4. 固体废物

施工期的固体废物主要是土石方、建筑垃圾及生活垃圾。项目基坑开挖产生的土石方部分回填，其余部分堆放在城建部门规定的固定地点；施工期产生的生活垃圾由环卫部门统一收集清运。

9.2.2　营运期

1. 废气

废气分为有组织排放和无组织排放两部分。项目有组织排放点 9 个，主要污染物为粉尘；无组织废气的产生环节为熟料库产生的粉尘。

2. 废水

本项目仅有冷却循环废水及生活污水排放。项目冷却循环系统供生产设备冷却用水，循环回水回流至冷却塔，经冷却后流入循环水池，再由循环给水泵升压循环使用，冷却循环系统排污水中仅含有一定量的盐类，不含其他污染物，用于厂区逸尘。

项目劳动定员为 40 人，用水量按 50L/人·d 计算，生活用水量为 360t/a，废水排放系数取 0.8，则生活污水产生量为 288t/a。类比典型生活污水水质，各污染物产生和排放量见表 9。

表 9　　　　　　　　　　项目水污染物产生、排放浓度及产生、排放量

污染物	产生		排放	
	浓度（mg/L）	数量（kg/a）	浓度（mg/L）	数量（kg/a）
COD	400	115	100	29
BOD5	250	72	20	6
SS	300	86	15	6
NH_3-N	25	7	15	4
动植物油	50	14	10	3

项目新建一体化污水处理设施一套，所产生的生活污水经一体化污水处理设施处理后，用于厂区逸尘及绿化用水。

3. 固体废物

本项目运营后，固体废物主要有除尘器收集的粉尘、生活垃圾及矿渣中的含铁废渣，含铁废渣经带式电磁除铁器除去，集中收集后外售。本项目原料库、配料库、球磨系统及成品库均设有除尘器收集粉尘，除尘器收集的粉尘均为矿渣微粉，成品全部返回到生产中。

本项目劳动定员为40人，生活垃圾产生量为3.6t/a。生活垃圾由环卫部门统一收集处理。

4. 噪声

本项目运营期的噪声源比较多，主要有球磨机、风机、除尘器、包装机等生产设备，噪声值在75~105dB（A）之间，通过基础减震、建筑物隔音等措施后能够满足《工业企业厂界环境噪声排放标准》2类标准［65/55dB（A）］要求。

9.3 环境影响分析

9.3.1 施工期

1. 大气环境影响分析

扬尘是项目建设期的重要污染因素，为严格执行《防治城市扬尘污染技术规范》（HJ/T393–2007）的要求，必须制定必要的防治措施，以减少施工扬尘对周围环境的影响。控制施工期扬尘的主要措施有：

（1）建筑工地场界应设置高度2m以上的围挡。

（2）遇到干燥、易起尘的土方工程作业时，应辅以洒水抑尘，尽量缩短起尘操作时间。四级或四级以上大风天气，应停止土方作业，同时作业处覆以防尘网。

（3）施工过程中使用水泥等易产生扬尘的建筑材料，应采取密封存储、设置围挡或堆砌围墙、用防尘布苫盖等措施。

（4）施工过程中产生的弃土、弃料及其他建筑垃圾应及时清运。若在工地内堆置超过一周的，则应采取覆盖防尘布、防尘网，定期喷水压尘等措施，防止风蚀起尘及水蚀迁移。

（5）设置洗车平台，完善排水设施，防止泥土粘带。车辆驶离工地前，应在洗车平台清洗轮胎及车身，不得带泥上路。同时洗车平台四周应设置废水导流渠、收集池、沉砂池等。

（6）施工工地内及工地出口至道路间的车行道路，应保持清洁，可采取铺设钢板、铺设混凝土的路面方式，辅以洒水、喷洒抑尘，防止机动车扬尘。

（7）工地裸地防尘要做到：覆盖防尘布或防尘网、植被绿化、天晴勤洒水、工地建筑结构脚手架外侧设置有效抑尘的密目防尘网或防尘布。

（8）工地裸地防尘要做到：覆盖防尘布或防尘网、植被绿化、天晴勤洒水、工地建筑结构脚手架外侧设置有效抑尘的密目防尘网或防尘布。

（9）使用商品混凝土和预拌砂浆，不得现场搅拌消化石灰及拌石灰土等，应尽量使用成品或半成品石材、木制品，实施装配式施工，减少因切割造成的扬尘。

（10）工地内若需从建筑上层将具有粉尘逸散性的物料、渣土或废弃物输送至地面，可打包搬运，不得凌空抛撒。

（11）施工车辆应该减速慢行，加强鸣笛控制的管理。施工扬尘随着施工期的结束而自然消失，对周围环境影响相对短暂。

2. 水环境影响分析

（1）施工期废水对环境影响分析

项目施工人员均为本地居民，施工营地内不设食堂，无餐饮废水产生。施工期所排废水主要是施工期的生产废水和施工人员的生活污水，废水产生量较少。污水中主要污染物为 COD、BOD_5、SS 和少量油类，为典型有机废水，若处置不当，随意排放会污染地下水水质。建议建设单位应先建设好一体化污水处理设施后再进行工程建设。

（2）水环境影响及污染防治措施

施工期废水的产生量与工地管理水平关系极大，如果管理不善，施工现场污水横流，对工地周围的环境会造成一定的影响。针对以上施工期废水的特点，提出以下施工期废水污染防治措施：

①场地设一体化污水处理设施，将场地生产废水和生活废水收集处理后回用。

②施工人员统一安排、统一管理，人员生活居住安排在附近具有生活配套设施的地方，产生的生活污水经处理后用作施工场地抑尘洒水。

③施工单位对施工场地用水应严格管理，贯彻"一水多用、重复利用、节约用水"的原则，尽量减少废水的排放量，减轻废水排放对周围环境的影响。

④加强施工期工地用水管理，节约用水，严禁施工期废水乱排，尽可能避免施工用水过程中的"跑、冒、滴、漏"问题，减少施工废水外排量。

⑤要求施工场地设立简易卫生厕所。

综上所述，施工期环境影响是短期的，且受人为、自然条件影响较大，只要加强现场施工管理，并采取以上防护措施，本项目施工期废水排放对项目所在区域的地下水环境影响很小。

3. 固体废弃物环境影响分析

项目建设期间产生的建筑垃圾主要有：废建材、包装袋、废钢材、土方，以及施工队伍产生的生活垃圾等。这些建筑垃圾如处理不当，会占用场地、产生扬尘、破坏地表植被、影响视觉。建筑垃圾要及时清运到指定的填埋场填埋处理，并加以绿化，或是回收利用，防止长期堆放后干燥而产生扬尘。生活垃圾集中放置，由环卫所统一清运，对环境影响较小。

4. 噪声环境影响分析

施工期环境影响主要源于施工现场机械噪声。施工中常用的施工机械主要有混凝土搅拌机、振捣棒、运输车辆等，这些设备都将产生噪声，其噪声源强达70～100dB(A)。施工单位必须选用符合国家有关标准的施工机械，尽量选用低噪声的施工机械，从根本上降低噪声源强。要严格限制夜间（22：00～6：00）机械施工，以免对周围声环境质量造成影响，做好施工场地内噪声污染防治措施，避免噪声影响强的机械设备在夜间作业，并做好日常施工场地噪声污染防治措施，防止噪声影响周围环境和人们的正常生活。具体要求如下：

（1）合理安排施工计划和施工机械设备组合以及施工时间，禁止在中午（12：00～14：00）、夜间（22：00～6：00）施工，避免在同一时间集中使用大量的动力机械设备。施工单位严格执行《建筑施工场界噪声限值》（GB12523—2011）的要求，在施工过程中，尽可能使动力机械设备均匀地使用。

（2）对本项目的施工进行合理布局，尽量将高噪声的机械设备安装在地块北部，以减少对周围居民的影响。

（3）从控制声源和噪声传播以及加强管理等几个不同角度对施工噪声进行控制。

①控制声源：选择低噪声的机械设备。对于开挖和运输土石方的机械设备（挖土机、推土机等）以及翻斗车，可以通过排气筒消声器和隔离发动机震动部分的方法来降低噪声，其他产生噪声的部分还可以采用部分封闭或者完全封闭的办法，尽量减少振动面的振幅；闲置的机械设备等应该及时予以关闭；一切动力机械设备都应该经常检修，特别是那些会因为部件松动而产生噪声的机械，以及那些降噪部件容易损坏而导致强噪声产生的机械设备。

②控制噪声传播：将各种噪声比较大的机械设备远离敏感点，并进行一定的隔离和防护消声处理，这样可以减少对项目周围等敏感点的影响。

③加强现场运输管理：对施工车辆造成的噪声影响要加强管理，运输车辆尽量采用较低声级的喇叭。由于本项目离敏感目标较近，要求建筑施工因特殊工艺需连续昼夜施工的必须经旗主管部门审批同意后方可施工。

施工噪声具有时段性的特点，因此它的影响只限于施工期，施工结束后即消失。

9.3.2 营运期环境影响分析

1. 大气环境影响分析

废气产生环节分为有组织排放和无组织排放两部分。项目有组织排放点有9个，主要污染物为粉尘；无组织废气的产生环节为熟料库产生的粉尘。

（1）G1，熟料仓仓顶粉尘经袋式除尘器处理后于20m排气筒排放（处理效率99.5%）：粉尘排放浓度12mg/m³，排放量0.23t/a。

（2）G2，石膏仓仓顶粉尘经袋式除尘器处理后于15m排气筒排放（处理效率99.5%）：粉尘排放浓度12mg/m³，排放量0.01t/a。

（3）G3，粉煤灰仓仓顶粉尘经袋式除尘器处理后于20m排气筒排放（处理效率

99.5%）：粉尘排放浓度 $12mg/m^3$，排放量 0.19t/a。

（4）G4，配料机收尘系统经袋式除尘器处理后于 20m 排气筒排放（处理效率 99.5%）：粉尘排放浓度 $15mg/m^3$，排放量 0.44t/a。

（5）G5，球磨机出料口除尘系统经袋式除尘器处理后于 15m 排气筒排放（处理效率 99.5%）：粉尘排放浓度 $15mg/m^3$，排放量 0.01t/a。

（6）G6，矿粉仓仓顶粉尘经袋式除尘器处理后于 20m 排气筒排放（处理效率 99.5%）：粉尘排放浓度 $12mg/m^3$，排放量 0.02t/a。

（7）G7，水泥仓仓顶粉尘经袋式除尘器处理后于 18m 排气筒排放（处理效率 99.5%）：粉尘排放浓度 $12mg/m^3$，排放量 0.45t/a。

（8）G8，混料机除尘系统经袋式除尘器处理后于 15m 排气筒排放（处理效率 99.5%）：粉尘排放浓度 $12mg/m^3$，排放量 0.46t/a。

（9）G9，包装线除尘系统经袋式除尘器处理后于 18m 排气筒排放（处理效率 99.5%）：粉尘排放浓度 $12mg/m^3$，排放量 0.46t/a。

（10）熟料库无组织排放的粉尘，经预测粉尘排放浓度 $0.42mg/m^3$，排放量 1.5t/a。

综上分析，以上废气排放浓度符合《大气污染物综合排放标准》（GB16297-1996）二级标准限值，对周围环境空气质量影响较小。

2. 水环境影响分析

本项目仅有冷却循环废水及生活污水排放。项目冷却循环系统供生产设备冷却用水，循环回水回流至冷却塔，经冷却后流入循环水池，再由循环给水泵升压循环使用。冷却循环系统排污水中仅含有一定量的盐类，不含其他污染物，可用于厂区逸尘。

项目劳动定员为40人，厂区不设生活区，仅有倒班宿舍，用水量按50L/人·d计算，生活用水量为360t/a，废水排放系数取0.8，则生活污水产生量为288t/a。

项目产生的生活废水经一体化污水处理设施处理后，排放浓度可达到《污水综合排放标准》（GB8978-1996）三级标准要求，可用于厂区逸尘。

综上所述，本项目生产废水全部回收利用不外排，生活污水由经一体化污水处理设施处理后用于厂区逸尘，充分利用，对周围环境影响较小。

3. 固体废弃物环境影响分析

本项目运营后，固体废物主要有除尘器收集的粉尘、生活垃圾及矿渣中的含铁废渣，经带式电磁除铁器除去，矿渣含氧化铁1.2%，含铁废渣集中收集后外售。本项目原料库、配料库、球磨系统及成品库均设有除尘器收集粉尘，除尘器收集的粉尘均为矿渣微粉成品全部返回到生产中。本项目劳动定员为40人，生活垃圾以0.5kg/d·人计，产生量为3.6t/a。生活垃圾由环卫部门统一收集处理。

4. 噪声污染源

本项目运营期的噪声源比较多，主要有磨机、风机、除尘器、包装机等生产设备，噪声值在75～105dB(A)，通过基础减震、建筑物隔音等措施后能够满足《工业企业厂界环境噪声排放标准》2类标准[65/55dB(A)]要求。

（1）噪声源强和降噪措施。

噪声源强及防治对策情况见表10。

表10 项目主要噪声源

主要噪声源	声级 dB(A)	降噪措施	降噪量 dB(A)	排放噪声 dB(A)
球磨机系统	95～105	基础减振、车间封闭	10～15	85
风机	90～95	基础减振、安装消声器	15～20	90
空压机	90～95	基础减振、安装消声器	15～25	75
包装机	75～80	基础减振、安装消声器	15～25	60

（2）预测模式。

①单个室外的点声源在预测点产生的声级计算公式

如已知声源的倍频带声功率级，预测点位置的倍频带声压级 $L_p(r)$ 可按下式计算：

$$L_P(r) = LW + DC - A; \quad A = A_{div} + A_{atm} + A_{gr} + A_{bar} + A_{misc}$$

式中：LW 为倍频带声功率级，dB；DC 为指向校正，dB；A 为倍频带衰减，dB；A_{div} 为几何发散引起的倍频带衰减，dB；A_{atm} 为大气吸收引起的倍频带衰减，dB；A_{gr} 为地面效应引起的倍频带衰减，dB；A_{bar} 为声屏障引起的倍频带衰减，dB；A_{misc} 为其他多方面效应引起的倍频带衰减，dB。

②室内声源等效室外声源声功率级计算方法

声源位于室内，室内声源可采用等效室外声源声功率级法进行计算。设靠近开口处（或窗户）室内、室外某倍频带的声压级分别为 L_{p2}、L_{p1}。首先计算出某一室内声源靠近围护结构处产生的倍频带声压级：

$$L_1 = L_{W1} + 10\lg\left(\frac{Q}{4\pi r_1^2} + \frac{4}{R}\right)$$

式中：L_{W1} 为某个室内声源在靠近围护结构处产生的倍频带声功率级，dB；r_1 为某个室内声源与靠近围护结构处的距离，m；Q 为指向性因数；通常对无指向性声源，当声源放在房间中心时，Q = 1；当放在一面墙的中心时，Q = 2；当放在两面墙夹角处时，Q = 4；当放在三面墙夹角处时，Q = 8；L_1 为靠近围护结构处的倍频带声压级，dB；R 为房间常数。

$$R = S\alpha / (1 - \alpha)$$

式中：S 为房间内表面面积，m^2；α 为平均吸声系数。

靠近室外围护结构处的声压级 $L_{p2} = L_{p1} - (TL + 6)$，其中 TL 为隔墙（或窗户）的倍频带的隔声量，dB。然后按公式 $L_w = L_{p2} + 10\lg S$ 将室外声源的声压级和透过面积换算成等效的室外声源，最后按室外声源预测方法计算预测点处的 A 声级。

③计算总声压级

设第 i 个室外声源在预测点产生的 A 声级为 $L_{Ain,i}$，在 T 时间内该声源工作时间为

$t_{in,i}$；第 j 个等效室外声源在预测点产生的 A 声级为 $L_{Aout,i}$，在 T 时间内该声源工作时间为 $t_{out,j}$，则预测点的总等效声级为：

$$Leq(T) = 10lg\left(\frac{1}{T}\right)\left[\sum_{i=1}^{N} t_{in,i}10^{0.1L_{Ain,i}} + \sum_{j=1}^{M} t_{out,j}10^{0.1L_{Aout,i}}\right]$$

式中：T 为计算等效声级的时间；N 为室外声源个数；M 为等效室外声源个数。

根据项目主要噪声源声学参数、声源分布及噪声本底情况，利用计算机进行模式计算。

（3）预测结果。

本项目只在昼间生产，因此只对昼间声环境影响做预测。根据项目平面布置情况，结合降噪措施、建筑隔声、距离衰减等因素后，经预测项目周围声环境情况见表 11。

表 11　　　　　　　　　　　　　　项目噪声预测值

厂界	东		南		西		北	
时间	昼间	夜间	昼间	夜间	昼间	夜间	昼间	夜间
背景值	40.2	34.5	45.3	38.5	39.3	33.4	42.4	35.6
预测叠加值	42.1	36.5	47.2	40.4	41.5	35.4	44.5	37.5
达标情况	达标	达标	达标	达标	达标	达标	达标	达标

5. 环境监理

环境监理单位应收集拟建项目的有关资料，包括项目的基本情况，环境保护设计，施工企业的设备、生产管理方式，施工现场的环境情况，施工过程的排污规律，防治措施等。根据项目及施工方法制定施工期环境监理计划。按施工的进度计划及排污行为，确定不同时间检查的重点项目和检查方式、方法。施工期主要检查施工噪声、施工废气及生活污水排放、取土工程行为及其防渗情况、对植被、景观的保护措施以及施工建设中环保设施建设情况等。施工期环境监理重点为环保设施落实情况，尤其是需地面防渗的监督与管理。

（1）严禁大风天施工及午间 12：00 ~ 14：00、夜间 22：00 ~ 早 6：00 施工。

（2）施工现场设置一体化污水处理设施，收集施工废水，废水经处理后就地喷洒做降尘处理。

（3）合理安排施工路段，对预计施工的路段以张贴告示的形式提前通知附近居民及单位。

（4）施工现场的施工垃圾不得随意堆放，应及时清运。

6. 污染物总量控制

本项目采暖期不生产，不设锅炉，无 SO_2、NO_x 有组织排放，项目污废水全部回收利用，不外排。所以，本项目无需申请总量控制指标。

10 建设项目拟采取的防治措施及预期治理效果

建设项目拟采取的防治措施及预期治理效果见表12。

表12 建设项目拟采取的防治措施及预期治理效果

类型	排放源（编号）	污染物名称	防治措施	预期治理效果
大气污染物	生产工序 G1 - G9	粉尘	经袋式除尘器处理后于排气筒排放	满足《水泥工业大气污染物排放标准》（GB4915 - 2013）表1 现有与新建企业大气污染物排放限值要求
	熟料库无组织排放 G10	粉尘	—	
水污染物	生产污水	盐类，不含其他污染物	—	回用厂区抑尘
	生活污水	COD	经一体化污水处理设施处理后用于逸尘	厂区抑尘
		SS		
		BOD$_5$		
		NH$_3$ - N		
	矿渣	含铁废渣	电磁除铁器除去	外售
	生活固废	生活垃圾	由环卫部门统一清运	无害化处理
噪声	本项目运营期的噪声源比较多，主要有磨机、风机、除尘器、包装机等生产设备，噪声值在75～105dB（A），通过基础减震、建筑物隔音等措施后能够满足《工业企业厂界环境噪声排放标准》2类标准［65/55dB（A）］要求。			

生态保护措施及预期效果
该项目正常运营期间污染物产生量较少且浓度较低，均能达标排放，对周围生态环境的影响较小。

11 评价结论及建议

11.1 项目概况

100万吨/年水泥生产线项目位于××旗××镇××村。项目总占地106000m^2。

该项目供电由市政供电设施提供；供水由市政管网提供，能够满足项目用水需要；生产污水直接用于逸尘，生活污水经一体化污水处理设施处理后用于逸尘。

11.2　环境质量现状

11.2.1　大气环境质量现状

项目所在区域大气环境质量状况较好，常规大气污染物均可满足《环境空气质量标准》（GB3095—2012）二级标准要求。

11.2.2　声环境质量现状

本项目建设地点位于土默特左旗察素齐镇西沟门村，项目区声环境质量可满足《声环境质量标准》（GB3096－2008）中二类标准要求。

11.3　环境影响分析

11.3.1　施工期环境影响分析

项目开发建设对环境的影响主要是施工期的施工噪声、扬尘、建筑垃圾对周围居民的干扰，虽是间断性影响，随施工期结束而结束，但同样会给环境带来一定影响。因此，施工方应加强施工环境管理，使施工期的环境影响降到最低。

11.3.2　营运期环境影响分析

1. 大气环境影响分析

废气产生环节分为有组织排放和无组织排放两部分。项目有组织排放点 9 个，主要污染物为粉尘；无组织废气的产生环节为熟料库产生的粉尘。

（1）熟料仓仓顶粉尘经袋式除尘器处理后于 20m 排气筒排放（处理效率 99.5%）：粉尘排放浓度 12mg/m³，排放量 0.23t/a。

（2）石膏仓仓顶粉尘经袋式除尘器处理后于 15m 排气筒排放（处理效率 99.5%）：粉尘排放浓度 12mg/m³，排放量 0.01t/a。

（3）粉煤灰仓仓顶粉尘经袋式除尘器处理后于 20m 排气筒排放（处理效率 99.5%）：粉尘排放浓度 12mg/m³，排放量 0.19t/a。

（4）配料机收尘系统经袋式除尘器处理后于 20m 排气筒排放（处理效率 99.5%）：粉尘排放浓度 15mg/m³，排放量 0.44t/a。

（5）球磨机出料口除尘系统经袋式除尘器处理后于 15m 排气筒排放（处理效率 99.5%）：粉尘排放浓度 15mg/m³，排放量 0.01t/a。

（6）矿粉仓仓顶粉尘经袋式除尘器处理后于 20m 排气筒排放（处理效率 99.5%）：粉尘排放浓度 12mg/m³，排放量 0.02t/a。

（7）水泥仓仓顶粉尘经袋式除尘器处理后于 18m 排气筒排放（处理效率 99.5%）：粉尘排放浓度 12mg/m³，排放量 0.45t/a。

（8）混料机除尘系统经袋式除尘器处理后于 15m 排气筒排放（处理效率 99.5%）：粉尘排放浓度 12mg/m³，排放量 0.46t/a。

（9）包装线除尘系统经袋式除尘器处理后于 18m 排气筒排放（处理效率 99.5%）：粉尘排放浓度 12mg/m³，排放量 0.46t/a。

（10）在熟料库中有无组织排放的粉尘，经预测粉尘排放浓度 $0.42mg/m^3$，排放量 $1.5t/a$。综上分析，以上废气排放浓度符合《大气污染物综合排放标准》（GB16297 – 1996）二级标准限值，对周围环境空气质量影响较小。

2. 水环境影响分析

项目废水主要为生产污水及生活污水，生产污水为冷却循环系统排放的污水，污水中仅含有一定量的盐类，不含其他污染物，直接用于厂区逸尘。生活污水经一体化污水处理设施处理后，排放浓度可达到《污水综合排放标准》（GB8978 – 1996）三级标准要求，用于厂区逸尘，对周围环境影响较小。

3. 固体废弃物环境影响分析

项目运营后，固体废物主要有除尘器收集的粉尘、生活垃圾及矿渣中的含铁废渣，经带式电磁除铁器除去，矿渣含氧化铁 1.2%，含铁废渣集中收集后外售。本项目原料库、配料库、球磨系统及成品库均设有除尘器收集粉尘，除尘器收集的粉尘均为矿渣微粉成品全部返回到生产中。

项目劳动定员为 40 人，生活垃圾以 $0.5kg/d·$ 人计，产生量为 $3.6t/a$。生活垃圾由环卫部门统一收集处理。做到日产日清，由环卫部门及时清运，对环境产生不利影响较小。

4. 噪声环境影响分析

项目运营期的噪声源比较多，主要有磨机、风机、除尘器、包装机等生产设备，噪声值在 $75 \sim 105dB(A)$，通过基础减震、建筑物隔音等措施后能够满足《工业企业厂界环境噪声排放标准》二类标准 $[65/55dB(A)]$ 要求。对周围环境的不利影响较小。

11.4　环境监理

环境监理单位应收集拟建项目的有关资料，包括项目的基本情况，环境保护设计，施工企业的设备、生产管理方式，施工现场的环境情况，施工过程的排污规律，防治措施等。根据项目及施工方法制定施工期环境监理计划。按施工的进度计划及排污行为，确定不同时间检查的重点项目和检查方式、方法。施工期主要检查施工噪声、施工废气及生活污水排放、取土工程行为及其防渗情况、对植被、景观的保护措施以及施工建设中环保设施建设情况等。施工期环境监理重点为环保设施落实情况，尤其是需地面防渗的监督与管理。

（1）严禁大风天施工及午间 12：00 ~ 14：00、夜间 22：00 ~ 早 6：00 施工。

（2）施工现场设置一体化污水处理设施，收集施工废水，喷洒降尘。

（3）合理安排施工路段，对预计施工的路段以张贴告示的形式提前通知附近居民及单位。

（4）施工现场的施工垃圾不得随意堆放，应及时清运。

11.5　项目污染防治对策与建议要求

（1）本项目无生产废水产生，冷却循环系统排水用于厂区逸尘，生活污水经一体化污水处理设施处理后用于逸尘。

（2）项目应选用低噪声设备，并对设备进行基础减振、隔声措施。

（3）应合理安排工期，尽量使土石方开挖等产生扬尘大的施工作业期避开大风季节，以减轻扬尘源强；建筑垃圾、厂区开挖后的土石方应定点堆放，并对建筑垃圾、弃土、弃渣等易产生扬尘点采取喷水抑尘措施，并做好必要的遮掩覆盖。

（4）施工期严禁夜间（22：00～6：00）进行机械施工，严格控制噪声影响强的机械设备在夜间作业，避免产生扰民现象。若因特殊工艺需连续昼夜施工的必须经当地管理部门审批同意后方可施工。

（5）加强环境保护管理工作，提高施工人员的环境意识，加强项目建设期和运营期的环境管理与监控工作。

（6）做好项目竣工环保验收工作。

11.6　评价结论

通过对项目所在地区环境现状调查及项目工程分析，经预测项目对当地大气环境、水环境、噪声环境及生态环境的影响较小。该项目在建设和营运中严格按相应的治理措施和建议进行治理和管理，可使项目建成后对周围环境的影响控制在可接受范围内，从环保角度讲，该项目可行。

基础篇

污染为主型项目环境影响评价

轻工纺织化纤类项目案例

案例一   **新建腈纶项目**

某拟建腈纶厂位于 A 市城区西南与城市建成区相聚 15km 的工业园区内,采用 DMAC(二甲基乙酰胺)湿纺二步法工艺生产 1.2×10^5 t/a 腈纶。

工程建设内容包括原液制备车间、纺织车间、溶剂制备车间、回收车间、原料储罐、污水处理站、危险品仓库和成品库等。

原料制备车间生产工艺流程详见图 1。生产原料为丙烯腈、醋酸乙烯,助剂和催化剂有过亚硫酸氢钠、硫酸铵和硫酸,以溶剂制备和回收车间生产的 DMAC 溶液为溶剂(DMAC 溶液中含二甲胺和醋酸),经聚合、汽提、水洗过滤、混合溶解和压滤等工段制取成品原液。废水 W1 送污水处理站处理,废气 G1 经处理后由 15m 高排气筒排放,压滤工段产生的含滤渣的废滤布送生活垃圾填埋场处理。

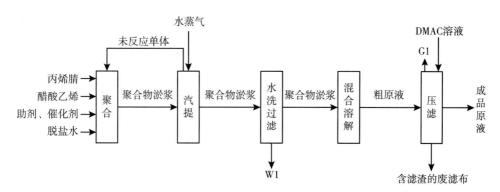

图 1 原液制备车间生产工艺流程

原料储罐占地 8000m²,内设 2 个 5000m³ 丙烯腈储罐、2 个 600m³ 醋酸乙烯储罐和 2 个 60m³ 二甲胺储罐。单个丙烯腈储罐呼吸过程中排放丙烯腈 0.1kg/h。拟将 2 个丙烯腈储罐排放的丙烯腈废气全部收集后用管道输送至废气处理装置处理,采用碱法 + 吸附净化工艺，设计丙烯腈去除率为 99%，处理后的废气由 1 根 20m 高的排气筒排放，排气量 $200m^3/h$。

污水处理站服务于本企业及近期入园企业，废水经处理达标后在 R 河左岸岸边排放。

R 河水环境功能为 Ⅲ 类，枯水期平均流量为 $272m^3/s$，河流断面呈矩形，河宽 260m，水深 2.3m。在拟设排放口上游 4km、河道右岸有 A 市的城市污水处理厂排放口，下游 10km 处为 A 市水质控制断面（T 断面）。经调查，R 河 A 市河段的混合过程段长度为 13km。

1. 该项目工程分析的要点有哪些？

在工程分析中，要结合项目特点逐一分析以下问题：工程概况、工艺流程及产污环节分析、污染源的源强分析与核算、清洁生产水平分析、环保措施方案分析及总图布置方案与外环境关系分析。在案例中，要对工程组成进行分类和界定，然后针对具体工程或装置逐一进行分析。本案例工程界定见表 1。

表1　　　　　　　　　　　　工程分析对象分类及界定

序号	分类		界定依据	备注
1	主体工程		一般为永久性工程，由项目立项文件确定	原液制备车间、纺织车间、溶剂制备车间、回收车间
2	配套工程	公用工程	服务本项目外，还服务于其他项目	
		环保工程	根据环境保护要求，专门用于生态保护、污染防治、节能、提高资源利用率和综合利用率等	污水处理站、废气处理装置
		储运工程	原辅材料、产品和副产品的储运设施和运输道路	原料储罐、危险品仓库和成品库
3	辅助工程		一般为施工期的临时性工程，根据工程行为分析和类比方法确定	项目建设时的临时性工程

在工艺流程和产污环节分析中，要根据生产工艺流程图标出污染物产生的部位和性质，以图、表结合的方式对产生的污染物和污染物组成做出说明，做出全厂水平衡、生产车间水平衡、原料制备车间的物料平衡、回收车间的物料平衡等。

在污染源源强分析和核算中，污染物包括废气，废水和固体废弃物。其中，废气和废水应当包括种类、成分、浓度、排放去向和排放方式、拟采取的治理措施及污染物的去除率和最终排放去向。固体废弃物应鉴定出是否属于危险废物，拟采取的处理处置方式等。在污染源源强分析中，除进行正常生产状态下的分析，还应包括非正常生产及事故状态下的分析。

在清洁生产水平分析中，将国家公布的清洁生产标准与该项目相应的指标进行比较，衡量项目的清洁生产水平。

在总图布置方案分析中，要根据当地气象、水文等自然条件分析项目各车间布置的合理性，并结合有关资料，确定该项目对环境敏感点的影响程度，案例中，R 河是项目的水环境敏感点，应重点关注。

2. 该项目环境影响评价的重点？

该项目环境影响评价的重点包括大气环境影响评价、水环境影响评价、固体废弃物环境影响评价和环境风险评价。案例中，排放的大气污染物主要为易挥发有机物（VOCs），如治理不当，会对环境空气质量造成影响，废气产生主要在原料制备车间和储罐区；该项目废水主要来自原料制备车间，废水经园区自备的污水处理站处理后排入 R 河，因此 R 河的水环境影响是评价的重点；项目产生的固体废弃物主要是含滤渣的废滤布，应根据《国家危险废物名录》（2016 年版）鉴定废滤布中是否含有危险废物；项目中，储罐区涉及危险化学品，是该项目环境风险评价的重点。

3. 降低该项目有机废气排放的措施有哪些？

该项目的有机废气排放分为有组织性排放和无组织性排放两种。因此，可以通过两条途径降低该项目的有机废气排放：一是提高项目的清洁生产水平，降低有机溶剂的使用量、提高回收率；二是将产生的有机废气进行有效收集后净化处理。

通常，有机废气的净化处理方法主要有：

（1）燃烧法：将废气中的有机物作为染料燃烧或高温下使其氧化，适用于中高浓度的有机废气。

（2）催化燃烧法：在催化剂的作用下，将碳氢化合物氧化分解，适用于各种浓度连续排放的含烃类废气。

（3）吸附法：利用吸附剂在常温下对废气中的有机物进行物理吸附，适用于低浓度有机废气的净化。

（4）吸收法：用适当的吸收剂对废气中的有机成分进行物理吸收，比较适用于含颗粒物废气的净化。

（5）冷凝法：采用低温使有机物组分冷却至其露点以下，液化吸收，适用于浓度较高、露点较高的有机废气的净化。

根据项目中有机废气的特性和产生浓度，选择一种或几种方法对有机废气进行处理，处理结果至少要满足达标排放的要求。

4. 该项目环境影响评价报告书应设置哪些评价专题？

该项目环境影响评价报告书中应设置的评价专题包括：拟建项目的概况、工程分析、环境现状调查与评价、大气环境影响评价、地表水环境影响评价、固体废弃物环境影响评价、环境风险评价、环境污染防治措施及可行性分析、清洁生产、环境经济损益分析、公众参与及环境管理与监测计划。

案例二　　　　　　　新建年产 2 万张皮革生产项目

某市在某工业园区新建一个年产值 2 万张（折合成牛皮标张）的制革工厂，拟占地面积 550000m²，总投资 8000 万元。主体工程包括鞣制车间、整饰车间、冲洗车间；配套建设的有职工宿舍、厂区污水处理站和锅炉房。该项目建成生产运营后拟将污水经处理后纳入污水管网，做集中处理。

制革生产包括准备工段、鞣制工段和整饰工段，其工艺流程如图1所示。

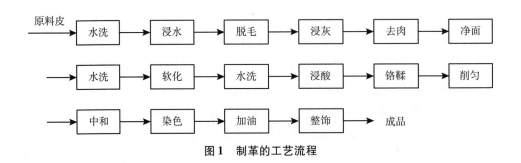

图1　制革的工艺流程

工艺简介

准备工段：指原料皮从浸水到浸酸之前的工序操作，其作用在于除去制革加工不需要的各种物质，使原料皮恢复到鲜皮状态，除去表皮层、皮下组织层、皮鞘、纤维间质等物质，适度松散真皮层胶原纤维，使裸皮处于适合鞣制状态。

鞣制工段：包括鞣制和鞣后湿处理两部分。铬鞣工艺一般指鞣制到加油之前的工序操作，它是将裸皮变成革的过程，铬初鞣后的湿铬鞣革称为湿革，需进行湿处理以增强革的粒面紧实性，提高柔软性、丰满性和弹性，并染色赋予革特殊性能。

整饰工段：包括皮革的整理和涂饰，属于皮革的干操作工段，指在皮革表面涂一层天然或合成高分子薄膜的过程，常辅以磨、抛、压、摔等机械加工，以提高革的质量。

1. 该项目环境影响评价报告书中应设置哪些专题？

根据《环境影响评价技术导则　总纲》中的规定，该项目环境影响评价报告书的专题包括：工程分析、环境质量现状评价、环境影响评价、环境保护措施及其可行性论证、总量控制、清洁生产、环境经济损益分析、公众参与及环境监测与管理。

该项目水环境影响评价在环境影响评价报告中需特别注意，因为项目产生的水污染物种类繁多，成分复杂，废水产生后经自备的污水处理站处理后并入污水管网，因此需对废水并入污水管网的可行性做专题分析。另外，自备的污水处理站产生的氨气、硫化氢和恶臭污染物和锅炉房产生的大气污染物也不能漏掉。

2. 该项目产生的主要污染物和污染因子有哪些？

大气污染因子主要来自两个方面：锅炉房产生的 TSP、PM_{10}、$PM_{2.5}$、SO_2 和 NO_x 以及来自准备工段、鞣制工段和自备污水处理厂的 NH_3、H_2S 和恶臭等污染物。

水污染物主要来自准备工段、鞣制工段的生产废水和职工宿舍产生的生活污水。污染因子主要有：COD、BOD_5、SS、氨氮、动植物油类、色度、pH 值、Cr^{6+}、总铬、S^{2-}、Cl^- 等。

固体污染物主要有准备和鞣制工段产生的废皮毛、肉末、革屑以及污水处理站产生的污泥和锅炉房产生的炉渣等。

噪声主要来自生产设备产生的噪声。

3. 本项目废水排放监测应考虑的主要污染物及监测部位。

由于项目排放的污水中含有 Cr^{6+} 和总铬，属于第一类污染物，因此含有 Cr^{6+} 和总铬的废水应在车间或车间处理设施的排放口布设监测点；其他水污染物的监测点布设在污水处理站的总排放口。

4. 本项目清洁生产水平的基本内容有哪些？

（1）生产工艺与设备要求。对其生产工艺来源和技术特点进行分析，说明技术和设备的先进性。

（2）资源能源利用指标分析。从原材料的选取与替代、单位产品物耗、单位产品能耗和新鲜水用水量等方面进行分析。

（3）产品指标分析。从产品的清洁性，产品使用及报废后处理、处置中的环境影响等方面进行分析。

（4）污染物产生指标。从单位产品的大气污染物、水污染物、固体废弃物等方面进行分析。

（5）废物回收利用指标分析。从废水、固体废弃物、废热、蒸汽、冷凝剂等回收利用和综合利用等方面进行分析。

（6）环境管理要求。从环境法律法规、环境标准、生产过程环境监测与管理等方面进行分析。

（7）清洁生产水平提高的对策与建议。采取相关措施后提高的水平。

案例三　　　　　新建硫酸盐工艺制浆林纸一体化项目

某造纸厂拟在大黑河流域的 A 市近郊工业园区内新建生产规模为 50 万吨/年的化学制浆工程，在距公司 20km、大黑河流域附近建设速生杨林基地。

项目组成包括：速生杨林基地、主体工程（制浆和造纸）、辅助工程（碱回收系统、热电站、化学品制备、空压站、机修、白水回收、堆场及仓库）、其他工程均为公用工程。厂址东南为大黑河，其纳污段水体功能为一般工业用水及一般景观用水。大黑河自西向东流经 A 市市区。该地区多年平均降水量为 863.6mm，最大年降雨量为 1625.7mm，大黑河多年平均流量 43m³/s，河宽为 30~40m，平均水深 3.3m，大黑河在公司排污口下游 13km 处有一个饮用水源取水口，下游 18km 处该水体汇入另一较大河流。初步工程分析表明，该项目废水排放量为 2000m³/d。

1. 该项目环境影响评价的内容有哪些？

该项目环境影响评价的重点包括项目概况（包括造纸公司和原料林基地）、项目的产业政策符合性分析、工程分析、环境质量现状评价、大气环境影响预测评价、水环境影响预测评价、固体废弃物环境影响评价、噪声环境影响评价、生态环境影响评价、污染防治措施及其可行性论证、环境经济损益分析及环境监测和管理计划等。

与其他项目相比，林纸一体化项目的产业政策符合性分析是该类项目环境影响评价中必须要回答的问题，由于国家对节能减排和生态文明建设的高度重视，林纸一体化项目的行业准入也越来越高，具体内容可参考产业结构调整指导目录、造纸产业发展政策和林业发展政策等。其中，部分造纸产业政策如下：

（1）新建、扩建制浆项目单条生产线起始规模要求达到：化学木浆年产30万吨、化学机械木浆年产10万吨、化学竹浆年产10万吨、非木浆年产5万吨；新建、扩建造纸项目单条生产线起始规模要求达到：新闻纸年产30万吨、文化用纸年产10万吨、箱纸板和白纸板年产30万吨、其他纸板项目年产10万吨。薄页纸、特种纸及纸板项目以及现有生产线的改造不受规模准入条件限制。

（2）新建项目吨产品在COD排放量、取水量和综合能耗（标煤）等方面要达到先进水平。其中漂白化学木浆为10kg、45m^{3}和500kg；漂白化学竹浆为15kg、60m^{3}和600kg；化学机械木浆为9kg、30m^{3}和1100kg；新闻纸为4kg、20m^{3}和630kg；印刷书写纸为4kg、30m^{3}和680kg。

林基地生态环境评价是评价的另一个重点之一。林基地往往建设规模较大，因此林基地生态评价应该高度重视。①首先要关注林基地建设的选址用地合理性。②工程分析是林基地生态环境评价中的重点内容。林基地工程分析的重点内容包括：林基地的立地条件、树种选择、清林整地方式、基地的采伐方式及管理模式等是林基地建设生态环评的关键因素。③林基地生态评价重点内容：主要包括生态系统稳定性、物种和生物多样性保护、树种选址与物种入侵、林地类型变化、水源涵养、水土保持、石漠化治理、土壤退化、病虫害防治和面源污染防治等内容，造纸林基地环境管理中应有生态稳定性监测内容。

水资源利用和水污染是林纸一体化项目评价的又一重点。制浆造纸所排废水是我国主要的废水污染源之一。因此需注意下列问题：①需采用国内外最先进的生产技术、最清洁的生产工艺来减少水资源利用量和水污染物排放量，加大废水回用力度，最大限度地采取措施减少制浆造纸废水向外环境的排放量。②通过节水措施调剂项目所需用水量。③从林纸一体项目新增用水对饮用水源和生态用水影响角度分析林纸一体化项目对水资源利用的可行性。④考虑受纳水体的水环境功能要求，论证排放口位置与排放方式选择的环境可行性。坚持增产减污原则，符合总量控制目标的要求。⑤排污口下游具有地表水饮用功能时，应确保饮用水源功能。

2. 林纸一体化项目浆（纸）厂选址需要关注的主要问题是什么？林基地选址需要关注的主要问题是什么？

浆（纸）厂选址需要关注的主要问题包括：①选址必须符合项目所在地区城市总体规划和其他相关发展规划。②选址应保障饮用水安全。③选址区域应有充足的水源，缺水地区禁止开采地下水作为水源；在沿海河口缺水地区新建造纸项目，鼓励咸水淡化作为补充水源。④林纸一体化严格按专项规划提出的"在500mm等降雨量线以东的五个地区"布局。⑤化学木浆厂应选址于近海地区或水环境容量大及自净能力强的大江、大河下游地区，废水应离岸排放，避免对重要的近海生态保护区、养殖业及珍稀濒危及国家重点保护区水生动物产卵等造成影响。⑥国家重点水污染整治流域，禁止新建化学制浆企业。⑦黄淮海地区林纸一体化工程建设必须结合原料结构调整，确保流域内污染物大幅削减。

林基地选址需要关注的主要问题有：①造纸林基地必须纳入专项规划。②对国家规定的区域禁止纳入造纸林基地范围。如自然保护区及自然保护区之间的廊道等。③对利用退耕还林地的，必须符合国家《退耕还林条例》相关规定。④禁止占用耕地，保护基本农田，保护好国土资源，不得占用水土保护林地、水源涵养林地。

3. 原料林基地生态影响评价的重点内容是什么？

原料林基地生态影响评价重点内容主要包括土地利用的合理性与合法性、生态系统稳定性、物种和生物多样性保护、树种选择与物种入侵、林地类型变化、水源涵养、水土保持、石漠化治理、土壤退化、病虫害防治和面源污染防治等内容，造纸林基地环境管理中应有生态稳定性监测内容。

4. 硫酸盐制浆工艺的主要清洁生产技术有哪些？

（1）备料：干法备料。

（2）制浆：ITC蒸煮，粗浆常压扩散洗涤、封闭热筛、中浓氧脱木素、D/C - E/O - D_1 - D_2流程漂白（二氧化氯替代率规划值应定为100%）；蒸煮汲粗浆洗涤筛选过程产生的不冷凝恶臭气体送石灰窑炉烧掉。建议：漂白采用O - Z - E - D工艺流程。

（3）浆板成型：采用节能型浆板机，夹网压榨、二道重型压榨、气垫式热风干燥，浆板机多余白水经纤维回收利用。浆板机白水要最大限度地回收利用，进一步降低吨浆水耗。

（4）带污冷凝水汽提系统的多效降膜式蒸发器组、低臭型碱回收炉燃烧固形物浓度在65%以上的浓黑液。高效白泥过滤洗涤采用预挂式真空过滤机、石灰回转窑炉煅烧回收石灰回用于苛化，并同时焚烧不冷凝恶臭气体。

（5）热电：采用循环流化床多燃料锅炉燃烧全厂所有木质性废料，能量不足部分补充燃煤。

（6）主要自用化学品生产：采用燃烧硫黄方式生产SO_2、离子膜法电解食盐生产烧碱和氯气，E_6法生产二氧化氯（无副产物）。

（7）考虑采用海水冷却方式，进一步降低新鲜地表水的消耗量。

（8）采用闪急蒸发工艺技术，提高进碱炉燃烧的浓黑液固形物浓度至70% D.S以上，将明显降低碱回收SO_2的排放负荷。

5. 硫酸盐制浆工艺的主要恶臭污染源有哪些，应采取什么治理措施？

（1）主要恶臭污染源有：主要来自蒸煮系统、蒸发站、碱回收炉、石灰窑，还有熔融物溶解槽、蒸发站和汽提不凝气以及黑液槽、污冷凝水槽等。污染物是：H_2S、甲硫醇、二甲硫醇和二甲二硫醚，统称为总还原硫（TRS）。

（2）治理措施：TRS物质具有酸性、可燃性等特点，因此可以通过碱液洗涤、燃烧且通过高的排气筒排放来降低，控制臭气的影响。熔融物溶解槽排气用氧化白液或碱液吸收，水凝气送碱炉燃烧均是成熟技术，能够控制TRS排放。对稀黑液、污冷凝水槽等散发的恶臭气体进行集气、焚烧处理。

案例四　　　　　　　　　新建牛、羊屠宰厂项目

某企业拟在A市郊区新建屠宰量为1.6万头牛/年和7万头羊/年的屠宰场项目（仅屠宰，无肉类加工），该项目厂址紧临黄河，A市现有正在营运的日处理规模为3万吨的城市污水处理厂，距离B企业2.5km。污水处理厂尾水最终排入黄河干流（黄河干流在A市段水体功能为Ⅱ类）。距离B企业，沿黄河下游7km处为A市饮用水水源保护区。

工程建设后工程内容包括：新建5t/h的锅炉房、6000m² 的待宰车间、5000m² 的分割车间，1000m² 的氨机房、4000m² 的冷藏库。配套工程有供电工程、供汽工程、给排水工程、制冷工程、废水收集工程及焚烧炉工程等。工程建成后所需原料有：生猪（进厂前全部经过安全检疫）、液氨、包装纸箱、包装用塑料薄膜。项目废水经调节池后排入城市污水处理厂处理。牲畜粪尿经收集后外运到指定地方堆肥处置。

A市常年主导风向为西北风，A市地势较高，海拔为1280m，属温带大陆性气候区，厂址以西100m处有居民280人，东南方向80m处有居民120人。

1. 牛羊屠宰厂项目施工期工程分析的重点内容。

（1）环境空气污染源。

施工期的大气污染源主要为施工期平整场地扬尘、施工机械排气、施工人员临时生活灶排放的烟气、建筑材料运输、装卸中的扬尘、土方运输车辆行驶产生的扬尘，临时物料堆场产生的风蚀扬尘，混凝土搅拌站产生的粉尘等。污染物排放均为无组织排放，其中以施工扬尘为主，难以定量。

（2）水污染源。

施工期水污染源主要为施工区的冲洗与设备清洗废水，以及施工队伍的生活污水等。主要污染物为SS、BOD_5、COD_{Cr}和石油类等。

（3）噪声污染源。

工程施工过程中，主要噪声源是施工机械在施工过程中产生的机械噪声、物料运输过程中产生的交通噪声等。工程施工一般可分为四个阶段：第一阶段是场地平整和工程准备阶段即土石方阶段，主要噪声源有推土机、挖掘机、土石方运输车辆等施工和运输机械；第二阶段为土建工程基础施工阶段，主要噪声源有打桩机、混凝土搅拌机等；第三阶段为结构施工阶段，主要噪声源有混凝土搅拌机、振捣机、电锯等；第四阶段为装修阶段，主要噪声源有吊车、升降机等。此外，在整个施工过程中，以重型卡车、拖拉

机为主的运输车辆所产生的交通噪声，也是施工期主要的噪声源。

（4）固体废物。

施工期排放的固体废物主要为基础挖掘过程中产生的土石方、地面建筑物施工过程中排放的建筑垃圾和施工人员产生的少量生活垃圾。施工过程中产生的固体废物如随意堆放，遇大风干燥季节可形成严重的扬尘污染，雨水冲刷引起道路泥泞，对附近的环境敏感点会造成较大的影响。

总之，该类建设项目的施工期的工程分析相对来说比较简单，污染物产生量和种类比较少，对周围环境的影响较小，在评价中往往被忽视。根据实践经验，施工期的主要环境问题要根据项目建设所在地周围环境敏感点的具体情况而定，如果距离居民区、学校、医院等环境敏感点较近，则在施工过程中要注重环境噪声对周围环境敏感点的影响，噪声扰民问题经常引起施工单位和附近居民之间的环境纠纷；如果项目建设所在地周围没有环境噪声敏感点，则施工噪声就不会产生噪声扰民的问题，可以不分时段连续进行施工作业。

2. 该项目的污染防治措施一般有哪些？

1）废气防治措施。

（1）锅炉废气污染防治措施。

该项目需要工艺蒸汽和供热，供汽和供热方式采用燃煤锅炉，燃煤所产生的废气污染源主要为烟尘和二氧化硫。因此，锅炉大气污染防治措施主要是去除锅炉烟尘。屠宰加工项目一般所需锅炉吨位较小，燃煤量较少，所以一般配备干、湿两级除尘器即可达到标准要求。

（2）恶臭气体污染防治措施。

恶臭气体污染是此类项目建成投产后的最主要大气污染源，污染源主要是牛、羊待宰圈、屠宰车间、污水处理站产生的恶臭气体。从排放源状况看，主要污染物是牛、羊排泄物挥发出的氨、硫化氢和甲硫醇类气体等。

目前该类行业主要采取以下几种措施来防治恶臭污染：

①厂区内合理布局。

在满足生产工艺流程的前提下，厂区内功能分区要明确。根据项目所在地常年主导风向，将清洁区设置在非清洁区的上风向，还应考虑将非清洁区设置在尽量远离厂界外环境敏感目标的位置，可以有效防止恶臭对清洁区和厂界外居民区的影响。

②屠宰工序恶臭污染治理方案。

根据类比调查，目前，该类行业主要采用如下三个处理方案：方案一，将开膛净膛工序、放血工序设立独立加工间，采取封闭密闭措施，在厂房设引风集气装置，加装吸附净化器（净化剂采用活性炭粉），在负压作用下，废气经吸附净化后，通过排气筒（高于周围最高建筑物3m以上）排空。方案二，将开膛净膛工序、放血工序设立独立加工间，采取封闭密闭措施，在厂房设引风集气装置，使排气通过氢氧化钠溶液稀酸液槽吸收后，再通过排气筒排空。过量的氢氧化钠溶液可吸附硫化氢气体，又可使甲硫醇转化成为不易挥发的甲硫醇钠，稀酸液可以有效吸收气体中的氨气。方案三，将开膛净腔工序、放血工序设立独立加工间，采取封闭密闭措施，在厂房设引风集气装置，设燃烧室，在助燃剂作用下燃烧，可使臭气得到净化。

从去除效率来看，以上三种方案均能去除50%～90%以上的臭气污染物，使臭气污染物达标排放。三种方案各有优缺点，其中活性炭吸附剂吸附效果较好，但易饱和，须再生，过程比较复杂，投资较大。碱液、酸液吸收法装置较大，较易操作，投资相对较少。燃烧法须消耗能源，一次投入相对较大。

③待宰圈恶臭污染治理措施。

待宰圈经常清扫和清洗，并经常用次氯酸钠、过氧乙酸及生石灰消毒，减小臭气源强。或在待宰圈采取密封措施，在畜舍顶部设引风集气装置，加装吸附净化器，在负压作用下，废气经吸附净化后，通过排气筒（高于周围最高建筑物3m以上）排空。

④化制间、污水处理站防治恶臭污染措施。

化制间、污水处理站要采取密封措施，对易散发臭味的设施要设集气排气筒，并加装吸附净化器，在负压作用下，废气经吸附净化后排放，排气筒高度高于最高建筑物3m以上，防止恶臭气以面源形式扩散。另外本着清洁生产和循环经济的要求，从源头减少恶臭污染物的产生量和源强，可以采取以下措施：

A. 待宰圈采用框架、全封闭、保温式（0℃以上）建筑结构，牛、羊在待宰期间所产生的粪便，采用高压水枪及时冲洗，减少粪便在车间内的停留时间。

B. 屠宰加工车间应配备自动真空采血系统，刺杀与采血一次完成，血液通过血液输送系统及输送管道送至血液储存罐，尽量减少血液产生的异味在空气中的扩散。

C. 胃内容物和加工废弃物属于很有价值的可再利用的资源，应该对其进行单独分离，及时处理，充分进行综合利用，避免其进入屠宰废水，加大废水污染负荷，产生恶臭。

D. 厂区周围进行植树绿化，可吸收部分恶臭气体，有效遏制恶臭气体向远处扩散。

2）废水治理措施。

屠宰类废水具有含大量血污、毛、油脂、油块、肉屑、内脏杂物、未消化的食料和粪便等有机污染物，具有强烈的腥臭味，且水质、水量波动较大，虽然此类废水可生化性较强，但如果污染物浓度过高，也会增加处理难度。因此，要想确保屠宰加工类项目废水能够稳定处理达标排放还是应该首先从源头抓起，必须在各段生产工序真正实现清洁生产，从源头降低污染物的产生量和源强，降低末端治理的污染负荷。

目前国内外治理这类废水以好氧生物法（包括浅层曝气、射流曝气、延时曝气、吸附再生、生物接触氧化等工艺）和厌氧生物法（包括厌氧生物滤池、水压式沼气池、UASB等工艺）为主，纯好氧生物法出水水质较好、处理效率高，但耗能高、剩余污泥量多，而单纯厌氧生物法虽然能耗低、污泥量少，但占地面积大、处理效率较低。因此，目前在该类项目废水处理上大多采用厌氧和好氧相结合的方法进行处理，得到了良好的处理效果。

3）噪声污染防治对策。

屠宰加工类项目噪声污染较轻，主要噪声污染来自各类鼓风机、压缩机等机械噪声和牲畜待宰圈内的叫声。但经过相应的封闭或者安装消音减噪装置等措施之后，基本可以做到厂界噪声达标。

4）固体废物的防治措施。

屠宰加工类企业所产生的胃内容物、碎肉、血液等有机固体废物，全部是有价物质，通过有效的处理后，均可以实现废物综合利用。该项目产生的粪便、污泥、碎渣等可以进行堆肥处理；锅炉废渣可以作为建筑材料原料加以利用；病死牲畜尸体严格按《畜禽病害肉尸及其产品无害化处理规程》（GB16548-1996）中的相关规定进行处理，剩余残渣，应该对其进行危险废物鉴定，如果为危险废物，应严格按照国家"危险废物管理条例"进行无害化处理。

化工、石化及医药类项目案例

案例一 化工园区新建原料药项目

某原料药生产企业拟在我国西北某省某市的工业园区内新建原料药生产项目。工程总占地60000m²，工程组成见表1。

表1 新建原料药生产项目工程组成

序号	工程或费用名称	单位	工程量
1	主体工程		
1.1	原料药车间1#	m²	3430
1.2	原料药车间2#	m²	3430
2	辅助工程		
2.1	原料库	m²	342
2.2	成品库	m²	492
3	环保工程		
3.1	污水处理间	m²	60
3.2	格栅池	m³	18
3.3	隔油池	m³	27
3.4	调节池	m³	48
3.5	水解酸化池	m³	60
3.6	接触氧化池	m³	90
3.7	二沉池	m³	120
3.8	污泥缓冲池	m³	90

序号	工程或费用名称	单位	工程量
3.9	絮凝池	m³	40
3.10	污泥浓缩池	m³	48
4	公用工程		
4.1	水泵房	m²	12
4.2	蓄水池（兼消防水池）	m³	240
4.3	配电室	m²	54
4.4	锅炉房	m²	206
5	服务性工程		
5.1	办公楼	m²	1245
5.2	研发中心	m²	2769
5.3	宿舍	m²	3360
5.4	餐厅及活动中心	m²	2180
5.5	厕所	m²	63
5.6	门房	m²	24
5.7	化粪池	m³	60
5.8	大门	座	1
5.9	道路及地面硬化	m²	15000
5.10	绿化	m²	20000
5.11	围墙	m	1300

A产品生产工艺流程见图1，A产品原辅料包装、储存方式及每批次原辅料投料量见表2，原辅料均属于危险化学品。A产品每批次缩合反应生成乙醇270kg，蒸馏回收97%乙醇溶液1010kg。

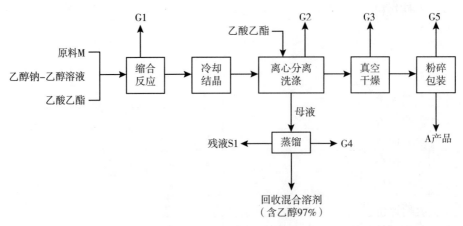

图1　A产品生产工艺流程

项目拟采用埋地卧式储罐储存乙醇、乙酸乙酯等主要溶剂，储罐放置于防腐、防渗处理后的罐池内，并用沙土覆盖。储罐设有液位观测报警装置。

表 2   **A 产品原辅材料包装、储存方式及每批次原辅料投料量**

物料	规格	投料量（kg/批）	包装方式	储存位置
原料 M	100%	430	固体，袋装	危险化学品库
无水乙醇	100%	100	液体，储罐	储罐区
乙醇钠－乙醇溶液	20%乙醇钠	1000	液体，桶装	危险化学品库
乙酸乙酯	100%	300	液体，储罐	储罐区

本项目产生的废气污染物主要是锅炉烟尘、SO_2、NO_x 及有机废气，有机废气拟采用处理工艺为"碱洗＋除雾除湿＋活性炭吸附"。项目废水经预处理后，进入市政污水处理厂处理，不排入地表水。

项目所在区域为《声环境质量标准》规定的三类标准区域，经实地踏勘和建设项目周围规划情况了解，项目建设地址周围环境相对简单，属于环境非敏感地区。

1. 该项目环境影响评价报告编制的依据有哪些？

（1）法律依据。

《中华人民共和国环境保护法》（1989 年 12 月 26 日）

《中华人民共和国水土保持法》（2011 年 3 月 1 日）

《中华人民共和国大气污染防治法》（2000 年 9 月 1 日）

《中华人民共和国水污染防治法》（2008 年 6 月 1 日）

《中华人民共和国固体废物污染环境防治法》（2005 年 4 月 1 日）

《中华人民共和国环境噪声污染防治法》（1997 年 3 月 1 日）

《中华人民共和国环境影响评价法》（2003 年 9 月 1 日）

《中华人民共和国清洁生产促进法》（2012 年 7 月 1 日）

《中华人民共和国节约能源法》（1998 年 1 月 1 日）

（2）技术依据。

《环境影响评价技术导则　总纲》（HJ2.1－2011）

《环境影响评价技术导则　制药项目》（HJ611－2011）

《环境影响评价技术导则　大气环境》（HJ/T2.2－2008）

《环境影响评价技术导则　地面水环境》（HJ/T2.3－93）

《环境影响评价技术导则　声环境》（HJ2.4－2009）

《环境影响评价技术导则　地下水环境》（HJ/610－2011）

《环境影响评价技术导则　非污染生态环境》（HJ19－2011）

《建设项目环境风险评价技术导则》（HJ/T169 – 2004）

（3）其他相关依据。

《建设项目环境保护管理条例》（1998 年 11 月实施）

《国务院关于环境保护若干问题的决定》

《国务院关于落实科学发展观加强环境保护的决定》

《国务院关于印发国家环境保护"十二五"规划的通知》

《关于西部大开发中加强建设项目环境保护管理的若干意见》（国家环境保护总局）

《建设项目环境影响评价分类管理名录》（环境保护部，2008 年 10 月实施）

《环境影响评价公众参与暂行办法》（国家环境保护总局，2006 年 3 月 18 日）

《产业结构调整指导目录（2011 年本）》（国家发展和改革委员会，2011）

《关于进一步加强环境影响评价管理防范环境风险的通知》

相关评价依据的使用要注意时效性，必须选用现行有效的法律法规及标准。

2. 该项目环境影响评价的内容和重点有哪些？

根据排污特点及所处区域的环境特征，评价工作内容如下：

工程分析、区域环境概况、环境现状监测与评价、环境影响预测及评价、环境风险评价、环境污染防治措施及可行性、清洁生产、总量控制、公众参与、项目选址合理性分析等。此外，施工期环境影响分析、环境管理与环境监测计划及环境经济损益分析等也应予以论述。

其中，恶臭控制与治理分析，水环境影响分析及评价以及环境风险评价为评价重点。

3. 该项目营运期环境监测的主要内容及监测制度有哪些？

建设项目营运期，环境监控的主要目的是为了项目建成后的环境监测，防止污染事故发生，为环境管理提供依据。主要包括废水、废气、噪声和固废监测。

（1）主要监测内容。

①废气，监测项目为锅炉烟气中烟尘和 SO_2 的排放浓度，最好实现烟气在线监控；厂区生活区及车间、污水处理站硫化氢的排放浓度等。

②废水，监测污水总排放口及回用水处理设备出水水质，监测项目为 COD_{Cr}、BOD_5、SS、氨氮、粪大肠菌群等。

③固废分类处置实施情况检查。

④厂界噪声，监测项目为等效连续 A 声级。

⑤在本项目厂区设置地下水监测点，定期对地下水水位及水质进行监测，严防污染物以渗透的方式进入地下水环境，对地下水环境产生影响。

（2）各污染物监测地点和频率。

①废气：废气排放口，每季度监测一次。

②废水：污水总排放口及回用水处理设备出口，每季度监测一次。

③固废：处置情况检查，每季度一次。

④噪声：边界设 4 个测点，每季度一次。对项目内各噪声源如鼓引风机等根据需要进行监测。

4. 该项目污染物总量控制因子如何确定？

建设项目总量控制确定通常采用两种方法：一是由地方环保部门根据建设单位所在地"总量控制"指标（某一区域的污染物排放量控制指标）给定建设单位污染物排放总量，建设单位不得突破给定的总量；二是根据环评报告书核算出建设项目排放污染物排放总量，并根据"污染物达标排放"的原则，使建设项目实施后，所排放的污染物控制在环评报告书核算的污染物排放总量的水平上。根据《国家环境保护标准"十三五"发展规划》中提到的全国主要污染排放总量控制因子，结合本项目实际情况，大气污染物总量控制因子为：SO_2、NO_x，水污染物总量控制因子为 COD_{Cr}、$NH_3 - N$。

案例二   **新建年产 1.0 亿支板蓝根颗粒的中药制药项目**

某中药制药项目拟建厂区位于某高新技术开发区，开发区内地理位置优越，交通便利，自然条件和配套设施良好。所在地厂区供水、供电、排污等公用系统可配套齐全。

环境监测表明，项目所在区空气满足《环境空气质量标准》（GB3095 - 2012）二级标准要求。地表水各项指标均满足《地表水环境质量标准》（GB3838 - 2002）中Ⅲ类水域标准要求。声环境质量满足《声环境质量标准》（GB3096 - 2008）中 3 类区标准。

该项目主要工程为板蓝根颗粒车间，粉剂车间分为生产区和辅助区，生产区平面面积为 $1081m^2$，洁净区面积为 $216m^2$，非洁净区域面积 $865m^2$。辅助生产区主要包括工艺制水、空调机房和动力辅助部分。

项目产生主要污染物及拟采取的处置措施和排放情况见表1。

表1   **项目产生的主要污染物及拟采取的处理措施**

内容类型	排放源	污染物名称	采用的污染治理措施	排放情况
大气污染物	药材粗碎、粉碎、过筛、称量、配料抛光	含药粉尘	粉尘排放点设单机布袋除尘装置后通过 20m 排气筒排放，除尘器收集的粉尘送到垃圾填埋场处理	2.20t/a
水污染物	锅炉房	SO_2、NO_2、CO、TSP		0.98t/a 2.87t/a 0.47t/a
	生产废水	COD_{Cr}、BOD_5、SS	经污水处理站处理后达标排放	污水量：$340.1m^3/d$ COD_{Cr}：100mg/l，8.50t/a BOD_5：20mg/l，1.70t/a SS：70mg/l，5.95t/a $NH_3 - N$：15mg/l，1.28t/a
	生活废水	COD_{Cr}、BOD_5、SS、$NH_3 - N$	经污水处理站处理后达标排放	

续表

内容类型	排放源	污染物名称	采用的污染治理措施	排放情况
固体废物	原料包装	废包装材料₃	原生产厂家回收	0
	生产车间	中药渣	送入填埋场处理	2530t/a
	生活垃圾		生活垃圾收集后由环卫部门统一清运至阆中城市垃圾填埋场处置	150t/a
	废水处理站	污泥	送至城市垃圾填埋场处理	50t/a
噪声	公用工程	设备噪声	减振、消声、厂房隔声等综合降噪措施	厂界达标

1. 项目运行期主要环境影响因素有哪些?

项目运行期主要环境影响因素有:锅炉烟气和工艺废气排放对环境空气质量的影响;恶臭污染物排放造成的异味影响;废水排放对地表水环境的影响;固体废弃物对环境的影响;生产设备产生的噪声对声环境的影响;对土壤及地下水的影响。

2. 该项目如果建设地区没有地方性污染物评价标准,项目大气和水污染物排放标准应选用哪些标准?

如果建设地区没有地方性大气污染物排放标准,应选用的大气污染物排放标准为:锅炉烟气排放执行《锅炉大气污染物排放标准》(GB13271 - 2014),恶臭污染物执行《恶臭污染物排放标准》(GB14554 - 93),含药粉尘执行《大气污染物综合排放标准》(GB16297 - 1996)(二级)。项目主要废水为生产废水和员工生活废水(含食堂废水)。项目废水在园区污水厂未建成前,经自建污水处理站处理达《提取类制药工业水污染物排放标准》(GB21905 - 2008)排放标准,再排入市政污水管网。

3. 该项目在进行环境空气质量现状调查时,监测点位和监测制度应如何确定?

环境空气质量现状调查应包括常规监测因子和项目特征性因子。监测点位的布设应以《环境影响评价技术导则 大气环境》(HJ2.2 - 2008)为依据进行。根据项目的评价等级,一级评价项目监测点位数不少于10个;二级评价项目不少于6个;三级评价项目如果评价区域内已有例行监测点可不再安排监测,否则可布置2~4个监测点。监测制度一级评价项目不得少于两期(冬季和夏季),二级评价项目可取一期不利季节,必要时也可做两期,三级评价项目必要时做一期监测。每期监测至少取得有季节代表性的7天有效数据。监测设备首选空气自动监测设备,在不具备自动连续监测的条件下,一级评价项目每天至少取得当地时间02时、05时、08时、11时、14时、17时、20时、23时8个小时质量浓度值;二级和三级评价项目每天至少取得当地时间02时、08时、14时、20时4个时点质量浓度值。

4. 项目产生的中药渣进行填埋,填埋场的选址应注意哪些问题?是否有其他的替代方案?

中药渣填埋场选址要求需符合《一般工业固体废弃物贮存、处置场污染控制标准》

（GB18599－2001），填埋场选址应符合以下要求：

（1）所选场址应符合当地城乡建设总体规划要求。

（2）应选在工业区和居民集中区主导风向下风向，厂界距居民集中区500m以外。

（3）应选在满足承载力要求的地基上，以避免地基下沉的影响，特别是不均匀或局部下沉的影响。

（4）应避开断层、断层破裂带、溶洞区，以及天然滑坡或泥石流影响区。

（5）禁止选在江河、湖泊、水库最高水位线以下的滩地和洪泛区。

（6）禁止选在自然保护区、风景名胜区和其他需要特别保护的区域。

（7）Ⅰ类处置场应优先选用废弃的采矿坑、塌陷区。

（8）Ⅱ类处置场应选在防渗性能好的地基上，天然基础层地表距地下水位的距离不得小于1.5m；同时应避开地下水主要补给区和饮用水源含水层。

按照固体废弃物"减量化、资源化、无害化"的总原则，项目所产生的中药渣应进行堆肥处理或干燥后作为燃料进行综合利用。

案例三　　　　　新建离子烧碱和聚氯乙烯项目

某离子烧碱与聚氯乙烯项目位于××化工园区。项目利用公司生产三聚氯氰产品的副产品NaCl，年产10万吨离子膜烧碱，为年产8万吨三聚氯氰项目提供了优质生产原料氯气。工程建成投产后，主要大气污染物排放量分别为：TSP：7.91kg/h、SO_2：23.94kg/h、HCl：0.41kg/h和Cl_2：1.72kg/h。产生的废水主要为循环外排水和生活污水，排放量65.50m³/h，经处理后排至厂外排水管网后汇入××化工园区污水处理厂统一处理。

项目主要由生产车间和辅助生产车间组成，包括电解、盐酸合成、盐水处理、空压冷冻及氯氢处理车间，各类库房及罐区（液氯储量50t）。生产区的主要车间，按原料来料方向和产品产出方向，从东向西排列，车间均为南北朝向，利于采光和通风，为三聚氯氰车间（液氯临时储量10.43t）及仓库，中间部位为氰化钠罐区和临时锅炉，西侧为三氯下游产品生产区；东南部的污水处理站靠近厂区的总排水口。中部偏南为盐酸合成车间、一次盐水工段、二次盐水工段、氯氢处理车间以及液碱罐区、盐酸灌区、仓库和变电整流等。在大的生产区中又分为若干小块，保证物料输送距离短，同时也满足生产车间对周围环境的洁净度要求，并注意厂房的长度、高度对立面布置的影响。各罐区按有关规定设立防溢堤并进行防渗处理。

1. 环境影响因素的识别和评价因子的筛选。

根据建设项目生产工艺特点和排污特征，结合建设地区环境状况，采用矩阵法对运营期可能遭受工程影响的环境要素和污染因子进行识别和筛选，受影响的环境要素和评价因子识别情况见表1和表2。

表1   环境要素筛选

污染源	环境因素	大气环境	水环境	声环境	固体废物	生态环境
施工期	材料运输、施工	√		√	√	
	设备安装			√		
运营期	工艺废水	√	√			√
	生活污水		√			
	运转机械			√		
	工艺生产	√	√		√	
	工艺废渣、生活垃圾				√	
	废水处理			√	√	

评价因子的筛选。根据污染因素识别结果,确定本次环境影响评价的评价因子,见表2。

表2   评价因子筛选

评价项目	环境要素	评价类别	评价因子
环境质量	地下水	现状评价	pH、高锰酸盐指数、CN⁻、总硬度
		影响分析	pH、高锰酸盐指数、总硬度
	大气	现状评价	SO_2、HCl、TSP、Cl_2
		影响分析	SO_2、HCl、TSP、Cl_2
	固体废物	影响分析	锅炉灰渣、生活垃圾、污泥
污染源	废水	拟建工程	pH、COD、SS、活性氯
	废气	拟建工程	烟尘、SO_2、HCl、Cl_2
	噪声	厂界	等效连续A声级、最大A声级
	固体废物		泥渣、锅炉灰渣、生活垃圾、废活性炭、干燥剂

2. 大气环境影响评价工作等级的确定。

大气污染物为工程特征污染物,主要为烟尘、SO_2、HCl 和 Cl_2,按导则中 P_i 计算公式进行算,公式如下:

$$P_i = Q_i / C_{0i} \times 10^9$$

式中:P_i 为评价等级判别参数,等标排放量,m^3/h;

Q_i 为第 i 类污染物单位时间排放量,t/h;

C_{0i} 为第 i 类污染物环境空气质量标准,mg/m^3。

计算结果见表3。

表3 主要污染物等标排放量

大气污染物	C_{oi}（mg/m³）	P_i（m³/h）
TSP	0.30	2.64×10^7
SO_2	0.50	4.79×10^7
HCl	0.02	2.72×10^7
Cl_2	0.03	5.73×10^7

由表3可以看出，大气污染物等标排放量 P_i 最大为 $5.73 \times 10^7 m^3/h < 2.5 \times 10^8 m^3/h$，根据大气污染物等标排放量评价等级划分要求，该项目大气环境评价工作等级为三级。

3. 该项目应执行的污染物排放标准。

（1）废水：三聚氯氰工程产生废水执行《污水综合排放标准》（GB8978 – 1996），离子膜烧碱工程产生的废水执行《烧碱、聚氯乙烯工业水污染物排放标准》（GB15581 – 2016）。

（2）废气：锅炉烟气执行《锅炉大气污染物排放标准》（GB13271 – 2014），工艺尾气排放执行《大气污染物综合排放标准》（GB16297 – 1996）。

（3）厂界噪声执行《工业企业厂界噪声标准》（GB12348 – 90）。

（4）固体废物执行《危险废物鉴别标准》（GB5085.1 – 2007），《一般工业固体废弃物贮存、处置场污染控制标准》（GB18599 – 2001）和《危险废物贮存污染控制标准》（GB18597 – 2001）。

（5）施工噪声执行《建筑施工场界噪声限值》（GB12523 – 2011）标准。

4. 风险因素识别和风险源识别。

本项目主要原辅材料及产品有液氯（氯气）、氰化钠、盐酸（氯化氢气体）和三聚氯氰等，这些物质大多具有易燃、易爆、毒性和刺激性等特性。因此，这些物料在运输、贮存及生产过程中均存在一定的危险性，本工程涉及的主要物料的危险特性及毒性见表4。

表4 主要物料的危险性和毒性

物质名称	危险性						毒性			
	相对密度	闪点（℃）	沸点（℃）	爆炸极限（体积%）	危险分类	LD_{50}（mg/kg）	LC_{50}（g/m³）	最高允许浓度（mg/m³）	毒性特征	毒性分级
氯气	2.48		-34.5				335	1		I
氯化氢	1.27		-85.0				4600	15		Ⅲ

物质名称	危险性						毒性			
	相对密度	闪点（℃）	沸点（℃）	爆炸极限（体积%）	危险分类	LD$_{50}$（mg/kg）	LC$_{50}$（g/m^3）	最高允许浓度（mg/m^3）	毒性特征	毒性分级
氰化钠	1.60		1496			6.4		5（以 CN$^-$ 计）3（空气）		I
三聚氯氰	1.32		190			485		0.1（空气）	催泪剂：接触皮膜易产生红斑	III

根据《建设项目环境风险评价技术导则》（HJ/T169-2004），重大事故指工业活动的重大火灾、爆炸或毒物泄漏事故，并给现场人员或公众带来严重危害，或财产造成重大损失，对环境造成严重污染的事故；而重大危险源是指凡生产、加工、运输、使用和贮存危险性物质，且危险性物质的数量等于或超过临界量的功能单元。本项目重大危险源识别见表5。

表5   **重大危险源识别一览表**

生产项目名称	危险物质	使用量/生产量（t）		临界量（t）		是否重大危险源
		生产区	贮存区	生产区	贮存区	
离子膜烧碱工程	氯化氢			20	50	否
三聚氯氰工程	液氯	10.43	50	10	25	是
	氰化钠					否

案例四   ××公司入洗原煤180万 t/a 重介洗煤技改项目

××煤焦有限公司拟在原厂址对其洗煤厂进行技改扩建，计划引进工艺先进的重介180万 t/a 洗精煤改扩建项目。

项目占地20亩，距离县城5km，紧邻扶贫公路，为三级砂石路面，交通便利。该地区地处黄河中游东岸，属黄土高原地貌。黄土丘陵沟壑发育，形成黄土梁、塬、峁地貌特征。地势总体为北西高南东低，最高点位于井田中部，海拔标高1023m，最低点位于井田南部，海拔标高850m，最大相对高差173m。

项目所在地区属暖温带大陆性季风气候区，由于受季风及地形等的影响，夏季短促，冬季漫长。年平均气温为10.5℃，平均最高气温为29.1~30.2℃，极端最高气温39.4℃，平均最低气温为-6.9℃，极端最低气温为-21℃。全县太阳总辐射量为 139 千卡/cm²，年平均降水量为 472.3mm，最高为 723.3mm，最低为 374.4mm，降水多集中于 6、7、8 三个月，占全年降水量的 58.8%。历年平均蒸发量为 1901mm，蒸发量大于降水量。空气平均相对湿度为 55%。年平均风速为 1.7m/s，最大风速为 25m/s，集中于冬、春两季。评价地区全年主导风向为东北风。县内平均无霜期为 199 天。

项目洗煤及生产用水来自处理后的矿井水，生活用水取自主井方向约 200m 的 S1 泉水。通过污染物排放核算，项目建成后最终排放废水 60m³/d，正常排放情况下，洗煤污废水处理后用于防尘，对矿区周围的山溪沟水质没有影响，水质仍可达到 Ⅲ 类水质标准。大气污染物主要是储煤场、原煤装车点、煤炭运输道路产生的粉尘等。主要噪声有水泵房噪声、机修车间噪声、交通运输车辆噪声等。主要固体废物有煤矸石、生活垃圾和污水处理站污泥等。

1. 该项目环境影响评价因子有哪些？
（1）大气环境影响评价因子：扬尘、粉尘和 SO_2。
（2）水环境影响评价因子：SS、COD_{Cr}、BOD_5 和石油类。
（3）固体废弃物环境影响评价因子：煤矸石、煤泥、污水处理站产生的污泥。
（4）噪声环境影响评价因子：等效连续 A 声级。

2. 该项目工程分析应重点关注的内容包括哪些？
（1）非正常情况下，洗煤污废水非正常排放是否会对山溪沟水质产生影响。
（2）洗煤厂改扩建前的污染源及其达标排放分析。
（3）洗煤厂改扩建依托原厂址和设备的可行性分析。
（4）煤泥水的处理处置措施及其可靠性分析。
（5）煤矸石堆放场剩余库容量及容纳改扩建后洗煤厂煤矸石可行性分析等。

3. 环境影响因素分析的内容有哪些？
1）建设期环境影响因素分析。
项目施工期可能产生的环境问题主要是施工期间污废水、物料粉尘及固废等排放造成的污染，土建和设备安装过程中的施工机械噪声污染等。

（1）施工期间废水污染。
施工期间的废水主要来自搅拌机、砂石、灰浆等施工设备少量污水，废水中有害成分不多，主要为固体杂质，以泥沙为主。这类水如果在施工现场漫流，会对环境产生一定影响。

（2）施工期间粉尘污染。
施工期间的粉尘产生于物料堆存、材料拌合、运输等过程，其结果是造成局部地区大气的污染，尤其会导致降尘量的增加。

（3）建筑垃圾。
施工期间的建筑垃圾主要是砖块、灰浆、废材料等，若处理不当会造成占用土地、阻碍交通、产生粉尘等问题。

（4）施工机械噪声污染。

施工期间的噪声主要来自施工机械设备，如打桩机、搅拌机、挖土机等，所产生的噪声对施工现场和附近的声环境有一定的干扰。

2）营运期环境影响因素分析。

（1）大气污染因素分析。

①堆煤场起尘。

洗煤厂的大气污染因素主要有储煤场、受煤坑、原煤破碎筛分作业点、原煤转载等产尘点产生的粉尘。另外采暖锅炉冬季运行，产生一定量的烟尘和 SO_2 的烟气排入大气环境。

②运输扬尘。

洗煤厂与县城公路为沙石公路，原煤和部分精煤在汽车运输过程会产生大量扬尘。

（2）水污染因素分析。

①生产系统：选煤厂煤泥水是主要污染源之一，如果管理不善会对环境造成污染。

②厂区内跑、冒、滴、漏及冲洗设备水等，主要污染物为 SS。

③生活污水：选煤厂生活污水主要为生产车间职工洗漱用水、淋浴水及食堂排污水，主要污染物为 SS、COD、 BOD_5 。

（3）固体废物。

选煤厂固体废物主要为矸石、煤泥，另有少量生活垃圾。

（4）噪声。

选煤厂的噪声源主要为振动机械、流体机械和一般机械噪声以及其他噪声。主要来源于筛分机、水泵等，其次为溜槽中物料与槽体的撞击声。

4. 该项目的防治措施有哪些？

（1）大气污染治理措施。

为控制粉尘飞扬污染环境，可采取如下抑尘措施：

①修建产品仓、中煤仓和矸石仓用于临时贮存精煤、中煤、矸石。

②局部煤尘较多处采取局部密封、强制通风等措施控制污染。

③原煤运输设备的机头、溜槽上加设盖罩，进料端加胶皮挡帘防止煤尘溢出。

④主洗车间、煤样室考虑自然通风装置，以清除工作环境中的煤尘及异味。

⑤对筛分、破碎过程中产生的粉尘设置集气罩收集后进布袋除尘器进行除尘处理，集气罩集气率为99%，布后煤尘浓度满足《煤炭工业污染物排放标准》（GB20426－2006）中标准限值的要求。

⑥原煤堆场建设挡风抑尘网，原煤入料采取喷水灭尘措施，防止煤尘污染环境。

⑦洗煤厂原煤、部分产品精煤均为汽车运输，如果运煤公路途经村庄较多，运输过程中产生的扬尘和噪声会对沿途村庄造成影响。为减少运输过程对沿途村庄的影响，原煤、产品煤应采用箱式密闭货车运输。

运输产生扬尘量主要与路面积尘量有关。企业应加强对道路的维护，对企业与公路连接线及厂内的运输线路要全部硬化，派专人打扫、定时洒水，在道路两侧植树种草，可选用对尘滞留能力强的树种。途经村庄时，应限速行驶以减少运输起尘量。

⑧控制采暖锅炉产生的烟气污染，燃煤锅炉产生的烟气主要含有烟尘、SO_2等大气污染物。锅炉应执行《锅炉大气污染物排放标准》（GB13271–2014）中规定的限值。

（2）污废水治理。

①煤泥水。

选煤厂生产过程产生的煤泥水应采用闭路循环、煤泥厂内回收的工艺流程，生产过程中产生的煤泥水均应进入煤泥浓缩机处理，浓缩机底流进入压滤机回收煤泥，浓缩机溢流及压滤机滤液作为循环水在系统中重复使用。同时，应建设一座事故煤泥水池，用于事故情况下使用。

②跑、冒、滴、漏及冲洗设备水。

厂区内跑、冒、滴、漏及冲洗设备水等，应汇集到集中水池后进入煤泥水处理系统。

③生活污水。

工程建有污水处理站。所产生的生活污水水质比较简单，经生活污水处理设施进行净化处理后，可用于厂区抑尘或排入厂区外浇地。

（3）噪声控制。

噪声的防治首先应从声源上进行控制，在设计中采取以下措施：

①在设备选型时，选用性能好、运转平稳、质量可靠的低噪声设备，确保车间、厂区噪声达到有关标准。

②设备减振：设计中对振动较大的设备如分级筛、离心机等，采用厂房屏蔽，安装时均设置减振垫。

③设备消声：在转载溜槽的金属底板上铺设工程塑料垫，减弱钢板的振动，在大块物料部位尽量减少落差。

（4）固废处置。

选煤厂主要固体废物为矸石、煤泥及少量生活垃圾。

①矸石连同煤泥全部送往电厂使用，综合利用。

②在厂内设密闭垃圾箱临时收集，对产生的生活垃圾定期送到生活垃圾填埋场处理。

（5）绿化。

绿化在防止污染、保护和改善环境方面起着特殊的作用。根据选煤厂实际情况可选取如下绿化方案：

①充分利用建筑物四周的空闲地带，道路两侧空地植树种草。树种和草种尽量选用土著种。

②在洗、选煤厂周围及厂区内种植防护林带或绿化带，提高厂区绿化率。

冶金机电类项目案例

案例一   **新建陶瓷器件加工项目**

××陶瓷制造有限公司拟投资 3000 万元人民币兴建陶瓷生产企业。项目占地面积 40000m²，预计年生产仿真木纹栅栏 5000 万块、各种木纹花盆 20 万个、木纹浮雕腰线 2000 万条。

企业提供的资料表明：该企业所有原材料进仓堆存，采取分仓堆存，堆存场地位于厂区南部东侧，面积约 3348m²；煤仓位于厂区西南角，面积约 540m²，仓顶有防雨棚。该企业采用煤气发生炉制气，供给窑炉使用，根据项目的建设规模，年需耗煤约 23000 吨，主要来自山西、内蒙古等地，由火车运输再由汽车运至厂内；年耗电量约为 720 万千瓦时；年耗水量约为 36 万吨（其中 43800 吨为生活用水）；企业研磨腐蚀废水经车间预处理达标后，与厂区生活废水一并排入厂区污水处理站，经生化处理后排入厂区东南侧的 A 河，A 河水质执行地表水水质Ⅲ类水质标准；污水处理站产生的污泥送城市生活垃圾填埋场进行卫生填埋；喷雾干燥制粉工序产生的废气经布袋式除尘系统处理，由高 15m 的排气筒排出。

项目所在地区气候温和，雨量充沛，属亚热带季风气候。夏季主导风向为南风，冬季为干冷的东北风。年平均降雨量 2216mm，年最大降雨量为 3193mm。项目用地范围内为荒山，原山坡上有丰富的植被，有一定的林业、释氧、饲养功能，项目的开发会损坏山坡植被，减少动物生存场所使其失去养殖功能，破坏原有的生态系统。

1. 项目环境影响评价程序。

该项目环境影响评价程序见图 1。

2. 项目营运期环境影响分析应包括的内容。

项目投产后将有废水、废气、噪声、固体废物等污染。

（1）废水分析。

废水主要来自厂内生活用水和工业废水，工业废水主要是抛光废水、混料废水、球磨车间废水、降雨淋溶水、生产过程中的跑冒滴漏废水、煤气车间的冷却水和处理废气产生的废水。

①磨光废水。

磨光工序包括初磨、刮平、抛光、磨边、冲洗、打蜡、精磨等过程。废水中的主要污染物是悬浮物。

②跑冒滴漏、冲洗污水。

车间水输送管道和连接处会产生跑冒滴漏废水，机械以及场地的冲洗会产生大量废水。废水中的主要污染物是悬浮物。

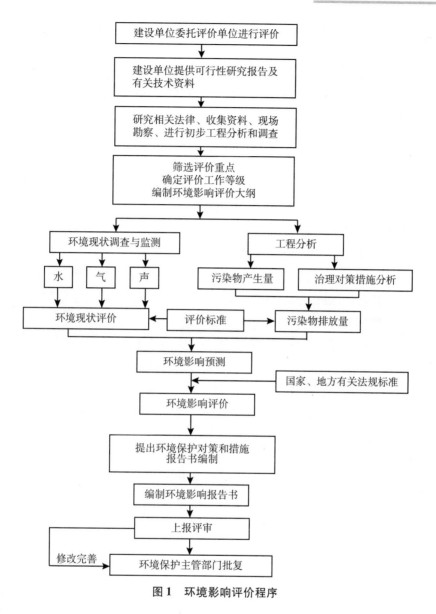

图1 环境影响评价程序

③球磨车间废水。

球磨工序会产生少量废水，主要是球磨机滴漏和清洗废水，这部分废水中主要污染物是悬浮物。

④混料废水。

混料过程废水中主要污染因子是悬浮物、色度、重金属等。

⑤原料场废水。

散落地面的原料在雨天会产生较大量淋溶污水。污水中的主要污染物是悬浮物。

⑥煤气车间冷却水。

⑦生活废水。

主要来自厂区内的饭堂、宿舍，废水中主要污染因子是 COD_{Cr}、NH_3-N、TP 等。

（2）废气分析。

废气大致可分为三大类。第一类为含生产性粉尘为主的工艺废气，主要来源于原料场、配料、压力提升、喷雾干燥制粉、过筛、粉料压成坯体、干燥、输送带等工序。第二类为含 SO_2、烟尘等为主的烟气，主要来源于窑炉烧成工序。第三类为含粉尘为主的无组织排放废气。

（3）噪声分析。

本项目噪声主要来源于球磨机、搅拌机、提升机械、空压机、鼓风机、输送带、抛光设备噪声及生产机械等，均属于高噪声的设备。

（4）固体废物分析。

主要是工业固体废物和生活垃圾。

①工业固体废物：主要来源于生产过程中原材料的泄漏、生产废品、煤灰、煤渣及经污泥压滤机处理后的泥渣。煤气生产车间产生的焦油及焦油渣属于危险废物，必须按相关规定要求管理和处理处置。

②生活垃圾：企业员工产生的生活垃圾。

3. 该项目地表水环境质量现状监测因子和分析方法有哪些？

根据建设项目特点和受纳水体特征等确定该项目的监测因子为：pH 值、悬浮物、DO、COD_{Cr}、BOD_5、NH_3-N、S^{2-}、CN^-、Cr^{6+}、Pb、Hg、As、TP、挥发酚、石油类共 15 项。监测方法见表 1。

表1   地表水监测因子分析方法

监测因子	分析方法	监测因子	分析方法	监测因子	分析方法
pH 值	玻璃电极法	DO	碘量法	As	分光光度法
悬浮物	重量法	NH_3-N	纳氏试剂分光光度法	挥发酚	4-氨基安替比林分光光度法
BOD_5	稀释与接种法	COD_{Cr}	重铬酸盐法	石油类	红外光度法
S^{2-}	亚甲基蓝分光光度法	CN^-	分光光度法	Hg	原子荧光光度法
Cr^{6+}	二苯碳酰二肼分光光度法	Pb	原子吸收分光光度法	TP	钼酸铵分光光度法

4. 该项目地表水环境质量现状评价的方法有哪些？

采用单因子指数法进行评价。

一般评价模式为：$S_{i,j} = C_{i,j}/C_{si}$

pH、DO 的评价采取以下模式。

pH 的标准指数为：

$$S_{pH,j} = \frac{pH_j - 7}{pH_{su} - 7}, \quad pH_j > 7.0$$

$$S_{pH,j} = \frac{7 - pH_i}{7 - pH_{sd}}, \quad pH_j \leq 7.0$$

DO 的污染指数为：

$$DO_j \geq DO_s$$

$$S_{DO,j} = \frac{|DO_f - DO_j|}{DO_f - DO_s}$$

$$DO_j < DO_s$$

$$S_{DO,j} = 10 - 9\frac{DO_j}{DO_s}$$

$$DO_f = 468/(31.6 + T)$$

式中：

$S_{i,j}$：监测项目 i 在第 j 取样点的污染指数

$C_{i,j}$：监测项目 i 在第 j 取样点的浓度，mg/L

C_{si}：监测项目 i 评价标准，mg/L

DO_f：饱和溶解氧浓度，mg/L

DO_s：溶解氧的评价标准，mg/L

DO_j：j 取样点水样溶解氧浓度，mg/L

T：水温，℃

pH_j：j 取样点水样 pH 值

pH_{sd}：评价标准规定的下限值

pH_{su}：评价标准规定的上限值

5. 该项目污水处理站产生的污泥送城市生活垃圾填埋场进行卫生填埋是否合适？说明理由。

该项目研磨腐蚀废水中含有重金属 Pb、Cu，应对其危险特性进行鉴定，若属于危险废物，按照《危险废物贮存污染控制标准》进行日常管理，然后交有危险废物处理处置资质的单位进行处理；若鉴定结果为一般工业固体废弃物，可送生活垃圾填埋场进行填埋，但需要满足《生活垃圾填埋场污染控制标准》中规定的填埋废物入场控制要求，即污泥经处理后含水率小于60%。

6. 该项目涉及的需要进行总量控制的污染物有哪些？

该项目涉及的国家制定污染物排放总量控制的指标共有 6 项，分别为：

（1）大气污染物指标（3 个）：烟尘、粉尘和二氧化硫。

（2）废水污染物指标（2 个）：化学需氧量、氨氮。

（3）固体废物指标（1 个）：工业固体废物排放量。

案例二　　　　　　15 万吨/年铜冶炼项目

××铜业有限责任公司决定建设 15 万吨铜冶炼厂，厂区位于一般工业区内，在厂北部 4km 处有居民住宅区，该区域盛行东风。该厂拟购置富氧侧吹熔炼炉 1 台，PS 吹

炼转炉 3 台对母公司铅锌系统铜渣和粗铜进行吹炼，生产铜合金管棒料材。使用电作为能源，耗电量较大。熔炼炉排放烟囱高度 12m。排放的主要污染物为 PM_{10} 和 SO_2。

为降低污染物排放，该厂拟采取除尘和脱硫设备对产生的熔炼烟气进行净化。净化后预计污染物排放的最大源强 PM_{10} 为 1.25g/s，SO_2 为 0.75g/s，烟囱的送风量为 $25000m^3/h$。经估算模式计算，PM_{10} 最大小时落地浓度为 $0.094mg/m^3$，位于下风向 800m 处。

工程取水水源为××河，总用水量为 $455918m^3/d$，其中新水量为 $12496m^3/d$，生活用水量为 $140m^3/d$，循环水量为 $443282m^3/d$（一级处理回用水 $1750m^3/d$，深度污水处理后回用水量为 $1219m^3/d$），其循环水回水率为 97.23%。项目产生的生产性污水水量为 $744m^3/d$（其中硫酸污水 $480m^3/d$、冶炼污水 $164m^3/d$、尾吸、通风净化塔排污水 $100m^3/d$），考虑到水量的波动系数和初期雨水设计一级污水处理站的处理能力为 $1200m^3/d$。产生的硫酸废水经车间污水处理装置进行处理后，送入厂区污水处理站进行处理后，排入××河。为监测污水排放的达标情况，该厂在污水入河排放口设置监测点，定期对水样进行检测。

工程渣场设在厂址西南面 500m 处，周围居民点距离渣场 800m 以上，渣场两面环山。

PM_{10} 和 SO_2 的环境质量标准见表 1。

表 1　　　　　　　　　　PM_{10} 和 SO_2 的环境质量标准

污染物项目	平均时间	浓度限值		单位
		一级	二级	
SO_2	年平均	20	60	$\mu g/m^3$
	24 小时平均	50	150	
	1 小时平均	150	500	
PM_{10}	年平均	40	70	
	24 小时平均	50	150	

1. 该项目大气污染物排放执行什么标准？假如该标准中 PM_{10} 排放浓度限制为 $200mg/m^3$，SO_2 排放浓度为 $900mg/m^3$，请说明排放的污染物是否达标并说明理由。

该项目采用富氧侧吹熔炼炉和 PS 吹炼转炉，均属于工业炉窑，因此，应执行《工业炉窑大气污染物综合排放标准》（GB9078 - 1996），且该项目处于一般工业区，故应执行《工业炉窑大气污染物综合排放标准》（GB9078 - 1996）中的二级标准。

由于烟囱高度为 12m，小于《工业炉窑大气污染物综合排放标准》（GB9078 - 1996）中规定的烟囱最低高度 15m 的要求，因此排放浓度限值严格按照 50% 执行，即 PM_{10} 排放浓度限值为 $100mg/m^3$，SO_2 排放浓度限值为 $450mg/m^3$。排放烟囱风机运行风量 $27000m^3/h$，污染物源强 PM_{10} 为 1.25g/s，SO_2 为 0.75g/s，计算可得，PM_{10} 排放浓度为 166.7mg/m³，SO₂ 为 100mg/m³。因此，PM₁₀ 排放超标，SO₂ 排放达标。

2. 判断该项目环境影响评价工作的工作等级和评价范围，并说明理由。

$$P_{PM10} = C/C_0 \times 100\% = 0.094/(3 \times 0.3) \times 100\% = 20.9\%$$

由问题 1 可知，PM₁₀ 的排放浓度为 166.7mg/m³，SO₂ 的排放浓度为 100mg/m³，因此，SO₂ 的最大小时落地浓度 = 100/166.7 × 0.094 = 0.0564mg/m³。

$$P_{SO2} = C/C_0 \times 100\% = 0.056/0.5 \times 100\% = 11.3\%$$

通过计算，P₍PM10₎ 和 P₍SO2₎ 均大于 10%，小于 80%，按照《环境影响评价技术导则 大气环境》（HJ2.2 - 2008），评价工作等级为二级。评价范围的直径或边长不应小于 5km，因此，该项目的评价范围取直径为 5km 的圆形区域或者边长为 5km 的矩形区域。

判定依据为环境影响评价技术导则，评价工作等级的确定，具体见表 2。

表 2 　　　　　　　　　　　　评价工作等级

评价工作等级	评价工作等级判定依据
一级	Pmax≥80%，且 D₁₀%≥5km
二级	其他
三级	Pmax<10% 或 D₁₀%<污染源距厂界最近距离

3. 该项目环境空气质量现状监测应如何布设？

对于二级评价项目，环境空气质量现状监测点位采用极坐标布点法。在评价范围内至少布设 6 个监测点，取主导风向上风向即东面为 0°，西面为 180°，在 0°、90°、180°、270°分别布设监测点，在距离该厂 4km 的居民区布设监测点，在 180°方向距离污染源 800m 处即最大落地浓度点布设监测点位。

4. 该项目的污水复杂程度如何？污水监测方法是否合理？

由案例素材可知，该项目污水包括三类污染物：①持久性污染物：Cu、Pb；②非持久性污染物：BOD、COD、NH₃ - N、SS、石油类；③pH。

因为污水中所含污染物类型为三类，污水水质为复杂水质。

该项目污水中含有第一类污染物 Pb，对第一类水污染物的监测点位应布设在车间或者车间处理设施的排放口。因此素材中所提的只在污水入河排放口设置监测点的设置不合理。

案例三　　　　　　　　　　新建汽车制造项目

某汽车有限公司拟投资 50 亿元新建年产 20 万辆汽车整车的建设项目。厂区位于某开发区内。开发区距离某市 30km，位于环境空气质量二类区。

项目主要工程内容包括：冲压车间、焊装车间、总装车间、涂装车间等主体工程，以及配套的公用动力、仓储、物流和办公楼等辅助工程，在涂装车间设有废气焚烧设施和涂装废水处理设施。

该项目废气主要来源于焊装车间产生的焊接粉尘和涂装车间产生的有机废气。焊接粉尘经布袋除尘器净化处理后经15m高排气筒排出,废气量为70万m^3/h,粉尘浓度为2mg/m^3,CO浓度为3mg/m^3。涂装车间烘干室废气焚烧处理,喷漆室废气经水旋捕集除漆雾,经55m高排气筒集中排放,废气量约180万m^3/h,废气中主要污染物为二甲苯,排放浓度10mg/m^3;涂装车间有部分二甲苯无组织排放,排放量1.1kg/h。

项目产生的废水主要来自涂装车间,包括脱脂清洗废水、磷化清洗废水、电泳清洗废水和喷漆废水,排放量800m^3/d;经车间处理设施预处理后,废水中COD含量为150mg/L,BOD_5含量为25mg/L,SS为50mg/L,石油类浓度为1.2mg/L,总镍浓度为1.1mg/L,六价铬浓度为0.5mg/L。其他工艺废水为100m^3/d,其中COD含量为60mg/L,石油类含量为1mg/L;生活污水为200m^3/d,其中COD为400mg/L,BOD_5为300mg/L,SS为200mg/L。上述预处理的涂装车间废水与其他工艺废水和生活污水混合后统一进入开发区污水处理厂进行处理,处理达标后排入距离该厂500m的某河,该河执行地表水质量Ⅲ级标准。

1. 环境影响因子的识别与评价因子的确定。

（1）施工期。

施工过程对周围环境影响主要包括土方挖掘及建材运输等造成的扬尘对环境空气的影响;施工车辆和土建施工、设备安装等产生噪声,对周围声环境产生的影响。本项目施工期间对环境的影响见表1。

表1　　　　　　　　　　施工期主要环境影响

环境要素	产生影响的主要内容	主要影响因子
空气	土地平整、挖掘、土石方、建材运输、存放、使用	扬尘
水	施工过程中产生的生产废水和施工人员产生的生活污水	COD、BOD_5、SS
声	施工机械作业、车辆运输	噪声
生态	土地平整、挖掘及施工占地	土地利用、地貌变化、生物量变化、景观变化、水土流失和动物栖息

（2）运行期。

根据拟建工程的排污特点及所处自然、社会环境特征,运营期过程中环境影响因子识别及确定见表2。

表2　　　　　　　　　运营期环境影响因子识别与评价因子确定

项目专题	主要污染源	现状监测因子	预测因子
环境空气	焊接、喷漆、喷丸、装配调试工段	SO_2、NO_x、TSP、PM_{10}、苯、甲苯、二甲苯和非甲烷总烃	非甲烷总烃、二甲苯和粉尘
地表水	工艺废水、食堂废水和生活污水	pH、COD、BOD_5、SS、石油类、高锰酸盐指数、氨氮、总磷、挥发酚、锌、六价铬、镍、粪大肠杆菌、苯、甲苯、二甲苯共16项	
地下水	生产各环节、生活污水、固废储存等	pH、总硬度、高锰酸盐指数、氨氮、硫酸盐、硝酸盐氮、亚硝酸盐氮、挥发酚、氯化物、总大肠菌群、锌、六价铬、总磷、镍、石油类、苯、甲苯和二甲苯共18项	
噪声	设备运转	LeqdB（A）	LeqdB（A）
环境风险	各种化学品及污染设备、装置		

2. 该项目的评价重点有哪些？

根据对环境污染的特点，以拟建项目工程分析为基础，确定项目的评价重点为环境空气影响评价、地表水环境影响分析、噪声环境影响评价、环保措施及其经济技术论证、公众参与。

3. 该项目环境空气质量监测与评价应包括哪些特征性污染因子？

苯、甲苯、二甲苯、非甲烷总烃和焊接粉尘。

4. 该项目排入开发区污水处理厂的废水水质执行污水综合排放标准三级标准（COD：500mg/L、BOD：300mg/L、SS：400mg/L、石油类：20mg/L、总镍：1.0mg/L、六价铬：0.5mg/L），该项目废水排放是否达标？为确保项目废水排放达标，主要应监测哪些污染因子？并给出监测点位设置的建议。

总排放口各污染物排放浓度均小于或等于标准值，似乎做到了达标排放的要求，但因为排放污水中所含的总镍和六价铬属于第一类污染物，在车间预处理设施的排放口进行采样，车间排放口排放浓度限值的规定为总镍1.0mg/L、六价铬0.5mg/L。该项目涂装车间预处理设施的排放口总镍浓度为1.1mg/L，超过了标准规定的1.0mg/L的限值标准，故该废水排放未达到达标排放的要求，分析结果见表3。

表3　　　　　　　　　　　污水排放量及主要污染物浓度

污水排放点	污水排放量（m³/d）	主要污染物排放浓度（mg/L）					
		COD	BOD	SS	石油类	总镍	六价铬
涂装车间预处理出口	800	150	25	50	1.2	1.1	0.5
其他工艺废水排水口	100	60			1.0		
生活废水排水出口	200	400	300	200			

污水排放点	污水排放量（m³/d）	主要污染物排放浓度（mg/L）					
		COD	BOD	SS	石油类	总镍	六价铬
总排水口	1100	187.3	72.7	72.7	1.0	0.8	0.4
标准值		500	300	400	20	1.0	0.5

为了确保该项目污水达标排放，对 COD、BOD_5、SS、石油类、镍、六价铬等污染物均应进行监测。其中，镍、六价铬必须在涂装车间预处理设施的排放口进行监测，以确保车间排放口达标；COD、BOD_5、SS、石油类等因子可以仅在总排放口设置监测点；为了解涂装车间预处理的效果，可在涂装车间预处理设施前后分别设置监测点位对各污染因子进行监测，以确定预处理设施的处理效率。

案例四　　　　　　　　　电子元器件制造项目

某公司拟在某高新技术产业园区内建设电子元件制造项目，主要生产各类电子连接器，新型电子元器件等。该园区有集中式供热系统和污水处理厂，其他基础设施和环保设施较为完善。厂址周边外环境现状主要为散居村落、居民小区和工业企业。

本项目占地 26.28 亩，目前为空地。本项目新建生产厂房、办公用房及附属设施，主要建筑面积 $12000m^2$，通过购置设备，生产电子元件产品。

该企业计划年处理电子元件 144 万件。厂房高 12m，废气处理设施的排气筒均设置在厂房外侧。年工作日 300 天，每天 8h。

生产过程产生的硫酸雾浓度为 $200mg/m^3$，经处理后外排，排气筒高度 20m，排气量 $30000m^3/h$，排放浓度 $45mg/m^3$。喷涂和烘干产生的二甲苯有机废气经吸收过滤后外排，二甲苯产生量 5g/件（产品），净化效率为 80%，经 15m 高排气筒排放，排气量 $9375m^3/h$。

生产过程产生的废水有化学镀车间的镀镍废水，废水中含六价铬、镍废水；电镀车间的电镀废水，废水中含六价铬、镍和磷酸盐。

生产过程产生的废漆渣拟送该厂现有锅炉焚烧，废切削液由厂家回收，含铬、镍废液送水泥厂焚烧，生活垃圾集中送市政垃圾填埋场处置。

注：二甲苯排气筒高度 15m，《大气污染物综合排放标准》规定最高允许排放速率为 1.0kg/h，最高允许排放浓度为 $70mg/m^3$。

1. 该项目环境空气现状评价应监测的项目有哪些？

监测因子包括常规监测因子和特征监测因子。

（1）常规监测因子包括 SO_2、NO_2、PM_{10}。

（2）特征因子包括硫酸雾、二甲苯、非甲烷总烃。

2. 根据素材计算硫酸雾的净化效率和排放速率

（1）硫酸雾净化效率 =（200 - 45）÷ 200 × 100% = 77.5%。

（2）硫酸雾排放速率 $= 45 \times 30000 \div 1000000 = 1.35 \text{kg/h}$。

3. 二甲苯的排放是否符合《大气污染物综合排放标准》的要求？简述理由。

二甲苯排放速率 $= 1440000 \times 5 \div 300 \div 8 \div 1000 \times (1 - 0.8) = 0.6 \text{kg/h} > 0.5 \text{kg/h}$（排放标准）。

二甲苯排放浓度 $= 0.6 \times 1000000 \div 9375 = 64 \text{mg/m}^3 < 70 \text{mg/m}^3$（排放标准）。

排气口高 15m，厂房高 12m，没有达到高于 5m 的要求，排放速率严格 50%。计算后得到二甲苯排放速率超标、排放浓度达标。

4. 给出本工程产生的固体废物种类，说明固体废物处置措施是否符合相关要求。

漆渣和含铬、镍废液属于易燃易爆和有毒有害的危险废物，处理处置必须由有资质单位收集处理处置。如果企业和水泥厂获得环保行政主管部门批准，分别具有漆渣的焚烧和铬、镍废液的处置资质，就符合相关要求，否则就不符合规定。同样，废切削液的处理处置也应由危废处理处置资质的厂家回收。生活垃圾可以由市政垃圾填埋场处置。

5. 根据各车间废水性质，应如何配套建设污水处理设施？

化学镀车间的含六价铬、镍的镀镍废水，以及电镀车间的含六价铬、镍和磷酸盐废水含有一类污染物六价铬和镍，按规定必须在车间排放口达标，故必须在车间分别设置废水处理设施处理达标后排放。

建材火电类项目案例

案例一　　　　　　　　　　　　**新建热电联产项目**

某热电站建设项目已列入经批准的城市供热总体规划，热电站选址在北方某中等城市郊区，临近有煤炭矿区，区内煤炭和石灰石资源丰富。热电站设计规模为 2 台 130t/h 的锅炉，1 台 25MW 汽轮发电机组，同步建设相应规模的供热管网及配套的公用工程和输煤系统。

热电站采用循环流化床锅炉，汽轮机组为抽气凝汽式，配套安装全烟气脱硫、脱氮以及不带出城和电除尘装置。厂址周围未发现名胜古迹及文物遗址，也无重要的人文和旅游资源。项目区附近有村庄，人口较密集，还有森林生态系统、101 国道和 A 河。

当地以山区、丘陵和平原为主，地势开阔平坦，属环境空气质量二类区，年主导风向为北风，灰场位于厂址东南侧约 1.2 公路的干沟内，储灰量为 80000 吨，目前，该热电站已与某砖瓦厂签订了灰渣综合利用协议，协议利用率 100%，经分析，该项目灰渣属于 II 类一般工业固体废物。项目用水拟从 A 河抽取，排水也入 A 河，项目产生的生产性废水主要有化学系统的酸碱废水、脱硫系统的含硫废水和循环冷却系统的排污水。

1. 该项目进行环境评价和影响评价时应选择哪些指标？

根据项目特点及相关信息，本项目应选择的环境评价和影响评价指标包括：

（1）大气环境。

现状评价：SO_2、NO_2、TSP、PM_{10}。

预测评价：SO_2、NO_2、PM_{10}。

（2）水环境。

现状评价和预测评价：pH 值、DO、BOD_5、COD_{Cr}、TDS、石油类、SS 和总磷。

（3）固体废物评价：固体废物产生量。

（4）声环境评价：等效连续 A 声级。

2. 该项目在营运期产生的扬尘可以采取哪些措施进行防治？

（1）对于输煤系统的治理应该以降低煤尘浓度为中心，采用喷雾或注水的方法抑制煤尘的飞扬；安装布袋除尘装置，使尘源集中，便于收集、净化和回收处理；输煤系统的各操作室做好隔离密封，值班人员必须佩戴防护面具。

（2）储煤场、干煤棚布置在背风处，安装一定数量的喷雾降尘装置，以保持一定的湿度，降低堆煤和堆渣产生的扬尘。

（3）石灰石粉库和石灰石粉炉前仓、飞灰库、渣库要及时清运，采取密封罐车运输，以免灰渣的二次扬尘污染。

（4）布袋除尘器清灰时，应适时喷雾增湿，以减少扬尘。

（5）及时清扫、冲洗煤场、灰渣库周边的道路，以降低道路地面扬尘。

（6）采取有效措施尽量减少作业人员与生产性粉尘的直接接触；对粉尘作业场所采取通风排尘或将粉尘抽风收集到经过滤、洗涤、沉降、分离等以消除粉尘污染。

（7）在厂界及四周设置绿化带，选择耐 SO_2 和粉尘的常绿树种。

3. 本项目的敏感目标有哪些？

（1）项目附近的村庄，那里人口密集，是主要的敏感目标之一。

（2）项目附近的森林生态系统，需要考虑项目排放的废气、废水等对森林生态环境的影响。

（3）由于项目自 A 河取水，又向 A 河排放废水，因此 A 河也是重要的敏感目标。

4. 项目产生的生产性废水能否合流处理？有无优化的水处理方案？

不能合流处理，因为合流处理会增加处理难度和处理成本。更加优化的方案是本项目产生的三股废水分别进行处理达标后回用，而不是直接外排。

5. 该项目的环境监测计划应包括哪些？

（1）竣工环境验收监测：项目投入试生产后，应及时和环境保护主管部门指定的环保监测机构取得联系，要求环境监测机构对项目环保设施组织竣工验收监测。

（2）营运期的常规监测主要是对项目污染源的监测，监测项目主要包括：

①大气污染源监测项目为 SO_2、NO_2、烟尘，采用烟气在线监测系统进行监测。

②水污染源监测项目为废水排放量、pH 值、COD_{Cr}。

③噪声监测包括厂界噪声和设备噪声，监测内容包括最大声级和昼夜等效连续 A 声级。

④环境质量综合检查，每年定期对厂区环境卫生、绿化、煤场、渣场、灰场附近的环境卫生维护进行检查。

案例二　　　　　　　　　生活垃圾焚烧发电厂项目

××再生能源有限公司拟在××市××县××工业新区内建设一座垃圾焚烧发电厂，建设规模为日处理垃圾1800吨，发电装机容量为 $2 \times 15MW$，技术工艺采用机械往复式炉排焚烧炉。生产区主要包括焚烧发电工房、垃圾储坑、高架引桥、风冷塔、焚烧发电系统、烟气净化系统等，年运行330天，每天运行24小时。

该项目厂址位于某城市东南部的××工业新区。工程占地面积 $6.83km^2$，经现状调查发现影响范围内无自然保护区、风景名胜区和水源保护区等环境敏感目标。项目实施后，垃圾渗滤液、卸料大厅清洗废水经厂内渗滤液处理站处理后，同厂区其他生产废水和生活污水进入××市工业新区污水管网，全厂没有废水外排；项目拟采用"炉内低氮燃烧+急冷+半干法烟气净化+活性炭吸附+布袋除尘"工艺对焚烧尾气进行处理，烟气排放量为 $1.214 \times 10^5 m^3/h$，设计脱硫效率为82%，处理后的烟气经100m高的烟囱排放，垃圾储坑产生的气体经收集后送垃圾焚烧炉燃烧处理；该项目运营期产生的焚烧炉渣拟送附近的水泥厂处理，焚烧产生的飞灰固化处理后送城市生活垃圾填埋场进行卫生填埋；项目所在地区属于GB3096-2008规定的2类标准的地区，项目建设前后噪声级增高在 $3dB(A)$ 以内，且受影响人口变化不大。

1. 该项目的环境影响评价的内容和重点有哪些？

（1）评价内容。

对拟建垃圾焚烧发电工程各生产环节进行分析，识别出对环境影响较大的因素，通过类比调查和物料衡算，掌握工程运行后污染物排放量及排放特征。经过对建设项目环境空气、声环境、固体废物、水环境、生态环境等进行影响评价和分析，对清洁生产、总量控制、环保措施技术经济可行性、环境管理与环境监测计划、环境经济损益、公众调查等进行论述与分析。经综合分析，回答工程对评价区环境影响的程度和范围。

（2）评价重点。

根据厂区所处区域的环境状况和项目环境影响识别的结果，在对拟建工程进行全面分析、确定先进合理的污染防治措施的基础上，将环境空气影响评价、地下水环境影响评价等作为评价重点。

2. 该项目评价与预测因子的筛选。

评价因子的筛选主要依据两个方面。第一，本工程运行中各污染物的排放情况；第二，环境对污染物的承载能力。根据国家制订的环境质量标准以及当地的环境质量状况，确定并筛选出建设工程的主要评价因子。

（1）环境质量现状评价因子。

①环境空气：TSP、PM_{10}、$PM_{2.5}$、SO_2、NO_2、CO、HCl、NH_3、H_2S、甲硫醇、甲

硫醚、臭气浓度。

②地表水：pH、COD、BOD_5、NH_3-N、SS、石油类。

③地下水：pH、总硬度、NH_3-N、硝酸盐、亚硝酸盐、硫酸盐、氟化物、氰化物、挥发酚、铅、砷、汞、铬、镉、高锰酸钾、总大肠菌、细菌总数。

④声环境：厂界噪声。

（2）环境影响预测因子。

①环境空气：SO_2、PM_{10}、$PM_{2.5}$、NO_2、HCl、CO、NH_3、H_2S、二噁英。

②地下水：NH_3-N。

③声环境：厂界噪声。

3. 该项目应执行的污染物排放标准有哪些？

（1）废气排放标准。

①焚烧炉烟气排放执行《生活垃圾焚烧污染控制标准》（GB18485-2014）中的标准。

②氨、硫化氢、臭气等浓度厂界排放执行《恶臭污染物排放标准》（GB14554-1993）表1的二级标准。

③原辅料储运、破碎排放等环节执行《大气污染物综合排放标准》（GB16297-1996）表2中二级标准。

（2）废水排放。

①渗滤液排放标准。

垃圾渗滤液经深度处理后达到《污水排入城镇下水道水质标准》（CJ343-2010）中B类的相关标准排入工业新区污水管网，最终进入城市污水处理厂。

②其他污水处理标准。

生活污水和其他污水经处理后排入工业新区管网，其水质排放按照《污水排入城镇下水道水质标准》（CJ343-2010）B类中的相关标准执行。

（3）厂界噪声排放标准。

厂界噪声执行《工业企业厂界环境噪声排放标准》（GB12348-2008）2类标准。

（4）施工期噪声标准。

施工期噪声执行《建筑施工场界环境噪声排放》（GB12523-2011）的标准。

（5）其他标准。

①焚烧炉渣处理执行《一般工业固体废物贮存、处置场污染控制标准》（GB18599-2001）Ⅰ类场要求。

②焚烧飞灰在厂内进行稳定化处理，应满足《危险废物贮存污染控制标准》（GB18597-2001，环保部公告2013年第36号修改单）的相关要求，并送有资质的单位进行处理。

4. 该项目营运期废气的主要来源和污染因子有哪些？

（1）废气主要来源及污染因子。

废气包括垃圾焚烧过程中产生的烟气、垃圾堆放及处理过程中的恶臭气体、渗滤液污水处理产生的沼气和恶臭气体等。

垃圾焚烧过程中产生的烟气中主要污染物可以分为粉尘（颗粒物）、酸性气体（HCl、HF、SO_x 等）、重金属（Hg、Pb、Cr 等）和有机剧毒性污染物（二噁英、呋喃等）等几大类。

①烟尘。

垃圾在焚烧过程中分解、氧化，其不燃物以灰渣形式滞留在炉排上，灰渣中的部分小颗粒物质在热气流携带作用下，与燃烧产生的高温气体一起在炉膛内上升并排出炉口，形成了烟气中的颗粒物，主要由焚烧产物中的无机组分构成，粒度范围≤200μm，其中吸附了部分重金属和有机物。

②酸性气体。

HCl 和 HF 主要由垃圾中的氯或含氯塑料、树脂以及其他有机物在焚烧过程中产生。SO_x 主要是由垃圾中所含的硫化合物在焚烧过程中产生的，其中以 SO_2 为主，在重金属的催化作用下，则会生成少量 SO_3。

③重金属。

重金属包括汞、镉、铅、砷等，主要来自垃圾中的废电池、日光灯管、含重金属的涂料、油漆等。汞和镉在烟气中不仅以烟气的状态存在，同时还以气体状态存在。这是因为有些含有这种成分的化合物在燃烧过程中挥发所产生的。当温度降低时，重金属混合物的挥发率将剧烈地降低，相应的其排放也将随之减少。

④二噁英和呋喃等有机物。

垃圾在燃烧过程中会产生二噁英类毒性很强的三环芳香族有机化合物，其已被世界卫生组织列为一级致癌物质。多氯二苯并二噁英（PCDD）及多氯二苯并呋喃（PCDF）分别有 75 个和 135 个异构体，其中以 2，3，7，7 – 四氯二苯并二噁英（2，3，7，8 – TCDD）的毒性最强。

二噁英及呋喃主要是含氯杀虫剂、除锈剂、塑料、合成树脂等成分的废弃物焚烧时产生的，其中剧毒物质含量甚微，是以气态或吸附在烟尘上存于烟气中。当烟气温度达到850℃，停留时间≥2S 且 O_2 >6% 时即可分解成二氧化碳和水等物质。另一方面，当烟气中的温度在250～400℃时有再生成二噁英的可能。

⑤一氧化碳（CO）。

一氧化碳（CO）是由于垃圾中的有机物不完全燃烧形成的。某些焚烧厂以烟气中 CO 含量的高低作为衡量垃圾燃烧效率的指标，燃烧越完全，烟气中的 CO 浓度越低。

⑥氮氧化物 NO_x。

NO_x 主要是垃圾中含氮有机物、无机物在焚烧过程中产生的，燃烧空气中的 N_2 对其影响较少，烟气中的 NO_x 以 NO 为主，约占 90%～95%，NO_2 约占 5%～10%，还有微量的其他氮氧化物。

⑦恶臭。

垃圾焚烧发电厂的臭气污染源主要包括以下几部分：进厂的原始垃圾运输车在厂内道路因遗撒和流出渗沥液散发的气味；垃圾在垃圾池内堆放的过程以及在预处理过程中散发出恶臭的气体；渗滤液收集系统污水散发的臭气；污水处理站调节池等位置由污水散发的臭气。臭气中的主要恶臭成分为 H_2S、NH_3、甲硫醇和甲硫醚等。

⑧汽车尾气。

汽车的燃料燃烧时由于燃烧不完全产生 CO、HC 等污染物，同时由于燃烧温度高，使空气中的氧和氮发生反应，产生 NO_x。车辆在进出卸料大厅时由于速度较慢，汽车呈怠速行驶状态，此时燃烧温度较低，因此排放的 CO、HC 污染物较多，而 NO_x 废气相对较少。

5. 该项目环境空气影响预测内容有哪些？

（1）正常生产情况下，全年逐时气象条件下，环境空气保护目标、网格点处的地面浓度和评价范围内的最大地面小时浓度。

（2）正常生产情况下，全年逐日气象条件下，环境空气保护目标、网格点处的地面浓度和评价范围内的最大地面日平均浓度。

（3）正常生产情况下，长期气象条件下，环境空气保护目标、网格点处的地面浓度和评价范围内的最大地面年平均浓度。

（4）非正常生产情况下，全年逐时气象条件下，环境空气保护目标和评价范围内的最大地面小时浓度。

6. 如何判定该项目产生的固体废物的类别？并分析处理方案的合理性。

（1）焚烧炉渣，属于一般 I 类工业固体废弃物。运至附近的水泥厂进行处理，方案合理。

（2）焚烧飞灰，属于危险废物。在厂区固化处理后运至城市生活垃圾填埋场进行卫生填埋，方案不合理，应严格执行危险废物贮存、处置管理办法的有关规定，进行暂时贮存，并送有处理资质的单位进行处理。

案例三　　　　年产 1000 万 m^2 的建筑用陶瓷砖项目

某陶瓷有限责任公司计划建设年生产能力为 1000 万 m^2 的建筑用陶瓷砖生产线项目（包括地砖生产线 3 条，年产 200 万 m^2；面墙砖生产线 2 条，年产 800 万 m^2）。项目的主要原料为白黏土、宁乡土、红泥、方解石、滑石粉、熔块等，主要能耗为电、煤，具体生产工艺流程见图 1。五线车间共用一座厂房，配套 5 台煤气发生炉。主体工程包括生产车间、制釉车间、施釉车间、熔块车间、包装车间；辅助工程包括成品仓库、原料堆场、煤棚、配电室、办公用房和职工宿舍，项目总占地面积 170 亩。厂区位于丘陵地带，该地区近五年平均风速为 2.5m/s，陶瓷砖生产工艺流程见图 1。

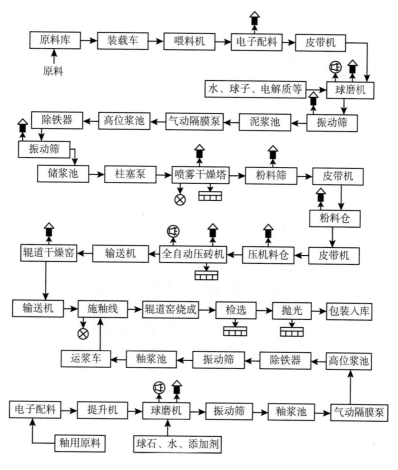

图例：⊗ 废水　▭▭▭ 废渣　🔇 噪声　🔺 废气

图1　陶瓷砖生产工艺流程

项目拟建区执行环境空气质量二类区标准；纳污水体为当地某小河，执行地表水环境质量标准Ⅲ类水域标准；噪声执行声环境质量标准2类区标准。该项目投产后，废气排放总量为 32 万 m^3/h，共设收尘器 55 台，对生产线产生的粉尘和煤气发生炉产生的烟尘和烟尘进行净化，净化处理后，粉尘和烟尘排放均符合国家标准规定。该项目产生的污水总量为 $214m^3/d$，经处理后大部分回用，少部分外排。

某环评公司接受该项目环评委托之后，进行了初步的现状调查和工程分析，结合敏感目标的分布情况和当地环保部门的实际要求，确定该项目各单项环境要素的评价等级均为二级。

1. 环境质量现状与评价的主要内容包括哪些？

（1）环境空气质量现状监测及评价。

①监测项目：SO_2、NO_2 和 TSP，采样及分析方法、监测频次均按国家有关规定进行。

②监测布点：根据大气环境二级评价布点原则，二级评价项目以监测期间所处季节主导风向为轴向，取上风向为0°，至少在约0°、90°、180°、270°方向上各设置1个监测点，主导风向下风向应加密布点，布点至少为6个。

③监测制度：选择最不利的季节，连续监测7天。

④评价方法采用单因子指数法，计算公式为：

$$I_i = C_i / C_{si}$$

式中：I_i——第i项污染物单项质量指数；

C_i——第i项污染物实测浓度值，$\mu g / Nm^3$；

C_{si}——第i项污染物的标准浓度限值，$\mu g / Nm^3$。

（2）水环境质量现状监测及评价。

①地表水监测项目：水温、pH、溶解氧、高锰酸盐指数、COD、BOD_5、$NH_3 - N$、TP及挥发酚，采样及分析方法、监测频次均按国家有关规定进行。

②监测布点：在纳污河流评价范围两端和评价范围内布置监测断面，根据排污口设计位置在排污口上游设置对照断面，排污口下游设置削减断面，根据水环境敏感目标及水文水质状况设置一定数量的削减断面。然后在各断面河流主流线上设一条取样垂线，根据河深，设置取样点，同一条取样垂线上的水样混合后测定。

③监测制度：对于二级评价项目至少选择枯水期，一般选择枯水期和平水期进行监测，监测时每个水期调查一次，每次3~4d，至少有一天对所有选定的水质因子进行取样分析，取样时需同步进行水文测量。

④评价模式为：

$$S_{ij} = C_{ij} / C_{si}$$

式中：S_{ij}——单项水质参数i在第j点标准指数；

C_{ij}——单项水质参数i在第j点监测值，mg/L；

Cs_i——单项水质参数i在第j点标准值，mg/L。

pH值评价模式为：

$$S_{pH,j} = \frac{7.0 - pH_j}{7.0 - pH_{sd}} \quad PH_j \leqslant 7.0$$

$$S_{pH,j} = \frac{pH_i - 7.0}{pH_{sd} - 7.0} \quad PH_j > 7.0$$

式中：$S_{PH,j}$——pH值在第j点标准指数；

pH_j——第j点pH监测值；

pH_{sd}——pH标准低限值；

pH_{su}——pH标准高限值。

（3）环境噪声现状监测及评价。

①监测项目：边界噪声超标状况和敏感目标超标情况。

②监测布点：布设的现状监测点位应能覆盖整个评价范围，在评价范围内的厂界

（或场界、边界）和敏感目标的监测点位均应在调查的基础上合理布设，当敏感目标高于三层（含三层）时，还需选择代表性楼层设置监测点。

③监测制度：每个测点均分为昼间和夜间分别测定。

④评价量：等效连续 A 声级和最大 A 声级。对照声环境质量标准中对不同声环境功能区的限值要求评价达标或超标情况。

2. 该项目产生的废气及废气污染源主要有哪些？

废气大致可分为三大类。第一类为含生产性粉尘为主的工艺废气，这类废气温度一般不高，主要来源于原料破碎和配料、磨机入口、振动筛、压砖工段、煤仓上煤等工序。第二类为含 SO_2、烟尘等为主的烟气，主要来源于窑炉烧成工序。第三类为来自车间及运输过程、煤堆场含粉尘为主的无组织排放废气。

（1）喷雾干燥塔。

喷雾干燥塔利用热风炉进行干燥，厂区内拟建的 5 套装置产生的废气主要污染物为烟尘和 SO_2。

（2）辊道窑。

厂区内拟建的五条单层辊道窑，均以煤气为燃料，燃烧烟气从窑孔无组织排放。烟气中主要包含 SO_2 和烟尘。

（3）煤气车间异味。

煤气车间的阀门泄漏以及检修过程中由于气封不严会产生一定的工艺废气（异味），成分主要有硫化氢、一氧化碳、甲烷、氢气等。

（4）无组织排放。

原料破碎和配料、磨机入口、振动筛、压砖工段、煤仓上煤等产生的含尘废气，呈无组织排放。

（5）项目运输过程和原料堆场在有风天气会产生扬尘污染，扬尘量和粉尘浓度等与风速、风向、原料粒度、湿度等密切相关。

3. 该项目产生的废水及废水污染源主要有哪些？

废水主要来自厂内工业废水和生活污水，工业废水主要是球磨废水、磨边废水、降雨淋溶水及单段式煤气发生炉产生的煤气冷却水。

（1）球磨废水。

球磨工序会产生少量废水，主要是球磨机滴漏和清洗废水，这部分废水中主要污染物是悬浮物。

（2）磨边废水。

磨边工序包括初磨、刮平、抛光、磨边、冲洗、打蜡、精磨等过程。除打蜡过程不冲水外，其他工序均边冲水边作业，用水量大。废水中的主要污染物是悬浮物。

（3）降雨淋溶水。

散落地面的原料在下雨天会产生较大量淋溶污水。污水中的主要污染物是悬浮物，污染物浓度、废水排放量与降雨量有关。

（4）冷煤气发生炉冷却水。

煤气车间废水主要是煤气冷却洗涤脱硫产生的废水，主要污染物为 SS、氰化物、挥发酚等。

（5）生活污水。

厂区内的食堂、宿舍会产生一定量的生活污水，主要污染因子是 COD、NH_3-N 等。

4. 该项目产生的固体废物有哪些？

该项目产生的固体废物主要为煤气发生炉炉渣、热风炉炉渣、煤气发生炉除尘灰、热风炉除尘灰、废水处理产生的污泥、煤焦油，压机废料、抛光磨边及检验不合格品。

案例四　　　　新建（2×350MW）燃煤发电机组项目

某电厂为扩大产能，新建 2 台 350MW 的燃煤发电机组及配套的环保处理设施。工程实际总投资 40.56 亿元，其中环保投资 2.18 亿元，环保投资占总投资的 5.4%。

该电厂采用循环流化床锅炉，锅炉年运转 6000 小时，工程配套建设双室四电场静电除尘器 4 台和 210m 高烟囱一座，距离厂界最近距离为 100m，采用石灰石—石膏湿法脱硫技术，脱硫效率＞90%，采用 SCR 法进行脱销，脱销效率＞70%；同时配套建设含油污水处理系统、工业污水综合处理系统、煤场及输煤系统冲洗水的沉煤池、水力除灰闭路循环系统、贮灰场和生活污水处理系统等环保设施。该项目对高噪声设备拟采取减震、隔声、消声等措施从声源上降噪，并通过密植林带等措施降低噪声的传播强度。

项目厂址位于丘陵地区，厂址周围煤矿密集，煤炭供应充足。项目所处地区执行环境空气质量功能二类区标准，该地区年主导风向为北风，东厂界距离最近的村庄 A 约300m。灰场位于厂区东南侧约 1km 的干沟内，灰场西南侧有村庄 B，距离灰场200m。

该项目所处地区属于北方缺水地区，项目生产用水拟采用距离项目 20km 的水库水，备用水源拟采用距离项目 15km 以外的 A 市生活污水处理厂中水。

1. 该项目的灰场选址是否合理？

该项目灰渣属于一般工业固体废物Ⅱ类，应满足《一般工业固体废物贮存、处置场污染控制标准》（GB18599—2001）中有关选址要求，"厂界距离居民集中区 500m 以外"，该项目灰场西南侧的村庄 B 距离该灰场只有 200m，故从环保的角度讲，厂址的选择不合理。

2. 该项目施工期的污染防治措施有哪些？

（1）大气污染防治。

①场地开挖对作业面和土堆喷水，降低扬尘量。

②挖出的泥土和产生的建筑垃圾及时清运，防止长期堆放表面干燥起尘或被雨水冲刷。

③运输车辆采取遮盖、密闭措施，减少沿途抛洒。

④施工现场须设围栏或部分围栏。

⑤控制扬尘扩散范围。

（2）水污染防治。

施工期产生的生产废水主要是冲洗废水、施工机械和运输车辆维修产生的含油废水和混凝土搅拌站产生的污水及施工人员产生的生活污水。

①冲洗废水及混凝土搅拌站产生的污水应尽可能回用。

②施工机械和运输车辆产生的含油污水应集中到施工现场的沉淀池做沉淀处理。

③施工人员产生的生活污水可以先入化粪池处理后，排入就近的污水处理管网。

（3）噪声污染防治。

①合理安排施工作业时间。

②严格执行施工噪声管理的有关规定，严禁夜间进行高噪声施工作业。

③将高噪声施工机械尽量放置在施工场地的中间位置，使其远离敏感目标，如果条件允许，可在高噪声设备周围布设掩蔽物。

④加强对施工运输车辆的管理，控制车辆鸣笛等。

3. 该项目营运期大气污染防治可以采取哪些措施？

该项目产生的大气污染物主要有锅炉烟气中的烟尘和 SO_2。此外，煤、卸煤、粉碎、输运、渣场、灰库等也会产生不同程度的粉尘污染，因此可以考虑采取以下措施：

（1）首先考虑使用优质燃煤，降低煤炭中的灰分和含硫量。

（2）煤炭洗选技术，对于含硫率较高、灰分较高的煤炭经洗选后使用。

（3）采用洁净燃烧技术，如采用低氮燃烧技术等。

（4）保证足够的除尘水量，定期检查并更换损坏的喷头、湍流球等配件以保证除尘效率。

（5）设置烟气在线监测系统，随时掌握烟气除尘、脱硫和脱硝设施的运行情况。

（6）提高烟气的净化处理，提高处理效率。

（7）对于煤炭堆场、渣场、灰库等增加捕集装置，回收后集中处理。

（8）加强生产过程管理，尽量降低粉尘、扬尘的产生量。

（9）进行清洁生产审核，通过审核提高清洁生产水平。

4. 该项目的取水方案是否合理？说明理由。

不合理，该项目位于北方富煤地区，周围煤矿密集，属于典型的坑口电站，应首先考虑使用矿井疏干水作为水源，其次考虑使用 A 市污水处理厂的中水作为水源，对于北方缺水地区的新建、扩建火电项目严格限制使用地表水。

生态影响为主的建设项目环境影响评价

社会区域类项目案例

案例一   **新建污水处理厂项目**

××市新建污水处理项目，处理规模为 6 万 m^3/d。配套污水管网建设规模 6 万 m^3/d。项目总占地面积为 $7hm^2$，选址在××区平安村 2 组，位于××路东北侧，××路、××路交会处。厂址地处平原地区，地形较为简单，厂址周围无环境敏感目标分布。厂区平面布置功能分区合理，按照污水处理及污泥处理工艺流程的各自功能分为预处理区、污水处理区、污泥处理区、管理区等几个既相互关联又具有独立性的区域。

本项目污水排放量近期为 3 万 m^3/d，远期为 6 万 m^3/d，项目拟采用 A^2O 工艺对接纳的生活污水进行处理，处理工艺见图 1。污水水质比较简单，主要污染物为 SS、COD、BOD、石油类，污水经处理达标后排入附近的河流，根据多年流量监测，该河为大河，纳污河段水质要求为Ⅲ类。经计算恶臭污染物 NH_3 排放量为 0.32kg/h，其等标排放量 $P_i = 1.56 \times 10^6$。

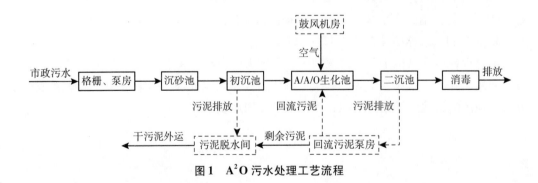

图 1 A^2O 污水处理工艺流程

1. 该项目的评价重点是什么？

（1）预测与评价污水处理厂建设前后地表水体水质、水量变化以及水质改善与达标贡献情况，重点关注纳污水体——大河的水质水量变化。

（2）预测与评价污水处理厂恶臭对周围环境空气的影响，并对污水处理厂厂界恶臭达标情况作出评价，同时确定恶臭卫生防护距离，重点关注恶臭污染对平安村 2 组村民的影响。

（3）结合××市排水特点通过类比分析进一步核定污水处理厂污泥性质与组分，并对污泥去向与处置方法做出评述。

（4）评述污水处理厂厂址选择的合理性和对城市规划的影响。

2. 该项目环境影响评价可采用的主要技术方法有什么？

（1）环境质量现状评价技术方法。

①对项目所在地区地表水环境、环境空气质量现状评价采用单因子标准指数评价方法；声环境质量现状评价采用监测结果与标准值直接对照法。

②在采用单因子标准指数方法时，以超过标准倍数确定地表水、环境空气质量的变化、污染程度及水平。

③环境噪声现状评价采用以等效声级是否超标，即超标分贝数表达声环境的质量状况。

（2）环境影响预测评价技术方法。

采用类比调查、类比测试、系统分析、环评技术导则推荐的预测模型、经验公式等技术方法，预测主要特征污染物排放负荷及浓度，并对其迁移扩散变化所产生的环境影响程度进行评价。

（3）环境污染监测。

主要采用国家对环境污染监测统一规定的技术方法。具体如下：

①大气、地表水、噪声、恶臭、底泥环境监测技术规范及污染监测技术规定。

②国家标准中规定的监测分析方法。

③国家环境污染监测数据统计与处理的技术规定。

（4）工程分析技术方法。

物料衡算法、类比分析法。

3. 本项目工程分析的主要内容是什么？

从环境保护角度进行项目工程方案比较与分析，其内容主要包括：

1）厂址选择。

污水处理厂位置的选择，应符合城镇总体规划的要求，并应根据下列因素综合确定：

（1）水管线采用便捷路径，避免穿越公路、铁路等障碍。

（2）厂址必须位于集中给水水源下游，应设在城区的下游。

（3）有良好的工程地质条件，以节省投资，方便施工。

（4）少拆迁，少占农田，有一定的卫生防护距离。

（5）考虑远期发展的可能性，为以后的扩建留有余地。

（6）便于污水，污泥的排放和利用。

（7）有方便的交通、运输和水电条件。

2）污水处理工艺分析。

最佳的污水处理工艺应体现在以下几点：

（1）技术先进、工艺成熟可靠、保证处理效果、抗冲击负荷能力强。

（2）基建投资小、能耗和运行费用低、占地面积小。

（3）运行管理方便、自动化程度高、有较好的功能组合及比较强的运行灵活性。

（4）功能完善、充分考虑综合利用。

（5）充分考虑提高出水水质及工程扩建的可能性。

（6）重视周围环境，厂区的平面布置与周围环境协调一致，同时注意污水处理厂内噪声控制和臭气治理。

在我国城市污水处理工程中，较多采用的是生物法中的活性污泥法及变种工艺。目前流行的几种工艺主要有 CAST（循环式活性污泥法）工艺、A^2O 工艺（脱氮除磷）、百乐克（BIOLAK）工艺。

以上三种处理工艺均能满足污水处理要求，BIOLAK 工艺由于使用寿命较短，故排除该工艺。CAST 工艺、A^2O 工艺目前应用较多，且都有许多成熟的建设经验，根据项目可研报告对 CAST 工艺、A^2O 工艺的对比论证及综合考虑××污水处理厂的处理规模、进水水质、出水水质、排放水体的情况、规模，借鉴世界污水处理的先进技术，根据市总体规划，确定××污水厂污水处理选用的工艺。

3）污泥处置方案。

污泥处理工艺每一步都是以减少污泥体积为主要手段，而以实现污泥稳定化为目的。污泥处理与处置应选用技术成熟，耗能低的技术路线。污泥处理技术及其组合工艺虽然多种多样，但目前被广泛应用的方法主要有两种：

（1）污泥浓缩→厌氧消化→机械脱水→卫生填埋。

（2）污泥机械浓缩→机械脱水→卫生填埋。

上述污泥处理的两种方案区别在于污泥浓缩后是否经过厌氧消化再机械脱水。从近几年国内外有消化池的污水处理厂的运行看，小规模的污水处理厂消化设备很难运行，消化池所产生的沼气量远低于设计值，沼气发电设备不能连续运行，所提供的能量无法维持消化池的正常运行。主要原因是我国的污水处理厂污泥中的有机成分与国外有一定的差异，所以产气量较低。

4）项目工程污染分析。

项目工程为污水截流工程和污水处理厂两部分内容。为此，项目环境影响分析应包括施工期和运行期两部分，应对施工期和运行期的环境影响分别进行评价。

5）污染源分析。

项目工程包括污水处理厂和收水管网两部分内容。为此项目污染源分析应包括施工期和运行期两部分，应对施工期和运行期的污染源及其影响分别进行评价。

（1）施工期污染源分析。

施工期污染主要表现为铺设污水管线阶段及污水厂施工建设阶段，此阶段的污染主要来自：

①环境空气：土方挖掘，回填过程中产生的扬尘，污染物主要为TSP。

②废水：土方挖掘后未及时回填，在雨水作用下，形成的泥浆水；管道制作中，砂石料冲洗、混凝土搅拌排水，污染物主要为SS。

③噪声：施工机械噪声，即：搅拌机、挖掘机、推土机、装卸机等机械噪声。

④振动：施工机械振动。

⑤生态环境：施工期对道路和原有绿地的破坏等。

（2）运行期污染源分析。

运行期污染主要表现为污水处理厂投入运行后，其主要污染源有：

①环境空气污染源：污水处理厂格栅、旋流沉砂池、沉淀池等的恶臭源，排放的主要污染物为氨、硫化氢、三甲胺、甲硫醇、甲硫醚等。

②水污染源：污水处理厂出水排水口，排放的主要污染物为COD_{Cr}、BOD_5、SS、NH_3-N、TP、TN。

③固体废物：污水处理厂产生的栅渣、沉砂、污泥。

④噪声源：机械设备运行噪声。

⑤非正常排放源：主要表现为污水处理厂停电造成的事故排污，即进入污水处理厂的全部污水均通过超越管线直接排放水体；还有一种情况是暴雨条件下产生的初期雨水溢流。

4. 该项目评价因子的筛选。

通过工程分析，结合本地区环境特点，可以筛选出本项目评价因子，评价因子筛选结果见表1。

表1　　　　　　　　　　　　　项目评价因子筛选结果

环境影响要素		地表水	环境空气	固体废物	声环境
评价因子	现状评价	pH、COD_{Cr}、BOD_5、SS、氨氮、TP、石油类等	NH_3、H_2S、三甲胺、甲硫醇、甲硫醚、烟尘、SO_2	排污口底泥	厂界和环境噪声 Leq［dB（A）］
	影响评价	COD_{Cr}、BOD_5、SS、氨氮、TP	施工期：TSP 运行期：NH_3、H_2S、三甲胺、甲硫醇、甲硫醚	污水厂污泥处置中重金属	

5. 该项目环境风险评价的内容。

（1）污水处理厂事故排放的影响分析。

由于污水处理过程中有诸多处理单元和生产要素，如在运行中出现停电等非正常因素，就可能发生故障或其他事故，最终会表现为污水处理不能达到预期的处理效果，造成事故性排放。污水处理厂事故性排放将较大幅度地增加承纳污水河流污染负荷，造成严重的水环境污染。

（2）管网事故性排放的影响分析。

根据国内污水处理厂事故调查，管网事故性排放由以下原因造成：管道破裂造成污水外泄；泵房停电或检修，管道更换或改造造成污水外溢。

第一种原因是由于其他工程开挖不慎或地基下沉造成的。这类事故发生后表现为污水输送不畅或下端污水量急剧减少，外溢污水溢出地面沿地表流入附近河流，或者是沿地下潜流进入地下水体，无论以何种方式输送，都将给环境带来较大的影响。

第二种原因是由于停电、泵房维修、次干管接入、更换、改造引起管网输送不畅，造成污水外溢，根据国内一些城市污水输送管网事故统计，事故性排放累积为 3 ~ 5 天/年，污水量约占整个系统污水输送量的 1% 以下。由于此类事故往往是短时间集中排放，对局部受纳水体的水质污染冲击很大。

（3）污泥不合理堆放的影响分析。

污泥从污泥脱水间出来到最终处置，中间需要进行临时堆放，一般在污水处理厂脱水间附近设可供 7 天以上污泥量的棚式堆放场。由于污泥性质不稳定且有机物含量多，在堆放过程中会通过微生物的代谢作用使其继续分解，产生硫化氢及硫醇等恶臭物质；同时还有病菌和寄生虫，严重影响厂内环境卫生。污泥在运输过程中，因车辆交通事故污泥被随处泄洒堆放，也将造成局部污染。因此，污泥不合理堆放可能会对临时堆放场地周围地表水、地下水、环境空气和环境卫生以及运输道路沿线带来不同程度的影响。

案例二   垃圾填埋场项目

××县计划投资 540 万元建设处理城市垃圾 45t/d 的城市垃圾无害化处理工程。工程占地 156 亩，其中，填埋场占地面积 93605.81m²，设计库容 48.225 万 m³。建设场址在县城以东××行政村东关砖瓦厂正南，距县城中心约 4km，东临幕家沟，西靠庙坪，南接茹河，以茹河北岸、鱼塘东侧为垃圾卫生填埋场西界，填埋场东西长 650m，南北宽 150m，地形呈簸箕形，绝对高程 1411 ~ 1415m。

项目的厂区内建有职工办公楼、公寓、食堂等生活区。总建筑面积为 357.40m²，填埋区附近建有沼气发电区和渗滤液处理区。具体平面布局见图 1。

工程场地处于夏季主导风的下方，附近无人畜居栖点。该沟为天然沟壑，经过人工防渗层处理，垃圾填埋场建成后，基本不会对地下水造成污染。

项目拟采取的技术工艺和环境监测方案见图 2。

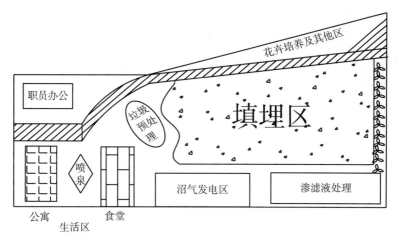

图1　垃圾卫生填埋场平面布置图

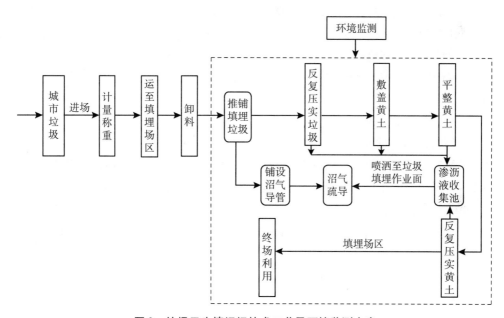

图2　垃圾卫生填埋场技术工艺及环境监测方案

　　项目所在区域地表水体执行《地表水环境质量标准》（GB3838 - 2002）Ⅴ类水域标准；地下水执行《地下水质量标准》（GB/T14848 - 93）Ⅲ类标准，项目区域空气质量执行《环境空气质量标准》（GB3095 - 2012）中的二级标准。

　　在工程分析和环境现状调查的基础上，确定本项目的大气、地表水、地下水和生态环境影响评价等级均为三级，噪声影响评价和环境风险评价的等级为二级。

1. 该项目的评价因子和预测因子有哪些？

通过对工程环境影响因子筛选结果，确定环评的评价因子如下：

（1）地表水环境。

现状评价因子：pH、溶解氧、COD_{Cr}、NH_3-N、SS、BOD_5，共计 6 项。

影响预测因子：COD_{Cr}、NH_3-N、BOD_5。

（2）地下水环境。

现状评价因子：pH、总硬度、色度、溶解性总固体、硫酸盐、高锰酸盐指数、氨氮、亚硝酸盐氮、硝酸盐、氟化物、总磷、六价铬、总铬、砷、镉、汞、铁、铅、锰、镍、钴、镁、挥发酚、锌，共计 24 项。

（3）大气环境。

现状评价因子：SO_2、CH_4、H_2S、NO_2、TSP、NH_3，共 6 项。

影响预测因子：CH_4、SO_2、H_2S、TSP。

（4）生态环境。

现状评价以生态系统的类型及功能为主。

预测评价主要为项目实施可能引发的生态环境问题。

（5）声环境。

现状评价因子：环境噪声（等效连续 A 声级）。

预测评价因子：填埋场噪声（等效连续 A 声级）。

（6）风险评价。

针对项目的性质，分析可能出现的风险事故种类，提出相应的风险防范措施。

2. 该项目污染物排放应执行哪些标准？

（1）拟建项目污水排放执行《污水综合排放标准》（GB8978-1996）Ⅱ类标准。

（2）垃圾填埋产生的废气执行《大气污染物综合排放标准》（GB16279-2012）。

（3）营运期环境噪声执行《声环境质量标准》（GB3096-2008）中的 2 类区标准。

（4）施工期噪声执行《建筑施工场界环境噪声排放标准》（GB12523-2011）中的相关标准。

3. 该项目的评价时段和评价范围。

（1）评价时段。

评价时段分为施工期、运营期和服务期满后。

（2）评价范围。

根据建设项目污染物排放特点及当地气象条件、自然环境状况确定各环境要素评价范围，具体见表1。

表1　　　　　　　　　各环境要素评价等级和评价范围

项目	评价等级	评价范围
地表水	三级	项目所在下游1000m
地下水	三级	项目所在区域水文地质单位
大气	三级	以建设项目为中心，边长为50 km的矩形区域

项目	评价等级	评价范围
噪声	二级	噪声评价范围为项目厂界外 200m 范围
环境风险	二级	以厂区风险源为中心，周围 3km 范围内
生态环境	三级	生态环境评价范围为项目厂界外 300m 范围

4. 该项目的废水来源及污染防治措施。

（1）在垃圾填埋过程中，产生的废水包括渗滤液和降水。

①渗滤液。

渗滤液主要来源于垃圾本身，垃圾中含有大量的可溶性有机物，无机物在雨水、地表水或地下水的浸入过程中而进入渗滤液；垃圾通过物理、化学、生物等作用产生的可溶性物质进入渗滤液；渗滤液中的可溶性物质进入覆盖垃圾场的覆土中以及进入垃圾场周围的土壤中。

②降水。

填埋区垃圾在已经铺好的情况下，遇到降雨天气，途经垃圾填埋区的地表径流可能将覆土冲毁，携带垃圾进入地表水体。

（2）水污染防治措施。

项目可采用黏土防渗层防治渗滤液对地下水的污染，同时将渗滤液用渠道输出，对渗滤液采用大气循环法处理，在垃圾填埋作业时，将渗滤液抽出喷洒到正在填埋的垃圾层上，一部分被干燥的垃圾吸收，另一部分在垃圾表面蒸发，进行循环处理。但需注意的是防渗层破裂会导致渗滤液通过间接入渗污染地下水。因此，应在生活垃圾填埋场地和地下水流向的下游设置地下水监测井并进行定期监测。对于大气降水引起的地表径流，可以在填埋场周边设置截洪沟和导流槽，避免地表径流进入填埋区，增加渗滤液的产生量。填埋场应采取分区使用、分层使用和分层压实覆盖的方法，尽量减少受水面积。

5. 该项目水土流失防治措施。

该项目的水土流失主要是在施工期间产生的，只要能采取一定的保护措施，便可极大地减少施工期的水土流失量。

（1）选择适宜的开工时间，避免在 5~8 月暴雨集中的季节平整土地、开挖地基，以减小暴雨对地表的侵蚀和对泥沙的冲刷。

（2）及时清运开挖地基而丢弃的泥沙，或尽可能采取一些暂时性措施将未及时清运的泥沙和堆积材料覆盖起来，杜绝其成为水土流失新的来源。

（3）建设期间对施工场地进行控制侵蚀处理措施，如在场区周围修建截洪沟、沉沙池，可有效地减少水土流失量。

（4）场区周围应设立一定宽度的绿化带，形成一道绿色防护墙，既在一定程度上减缓水土流失，亦起到降噪吸尘、美化环境的作用。

采取上述措施后，施工期的水土流失量将在很大程度上得到有效的控制，并且随着封场工程的完成，裸露的地表逐渐被房屋和水泥路面或绿化景观与草地所代替，其他的空闲地带亦随着绿化工作的开展而被植被覆盖，水土流失量也将逐渐减小乃至不再发生，届时水土流失问题基本上可以消除。

（5）植被恢复。

每一阶段的工程施工结束后应尽快进行改造区的绿化，以完成植被的恢复和重建工作。绿化应遵循的原则是与周围的景观相协调，应以区域整体特色体现来进行综合治理和绿化，绿化工作应与封场后的开发利用工作结合起来进行。

案例三　　　　　　　　　危险废物处置中心项目

某地拟建设一危险废物处置中心，包括安全填埋场及焚烧设施，配套、辅助设施大部分利用公用设施以减少投资。危险废物来源比较复杂，年需处理量近 20 万吨。项目所在地区雨量充沛，主导风向为西南风。

项目初选厂址位于城市下风向、水源地下游的 25km 的山坳处，征地面积 30hm^2，其自然环境基本未受人为干扰。既有公路通达，交通方便，仅需建设 0.8km 的进场公路，垃圾运输沿途有 2 个村庄，人口较多。

1. 危险废物处置工程环境影响评价的重点是什么？

（1）项目选址的合理性和环境可行性分析。

（2）危险废物处理处置工艺的可行性分析。

（3）危险废物贮存的污染防治措施分析。

（4）安全填埋场运行期间渗滤液对地表水及地下水环境的影响。

（5）焚烧炉的环境空气影响评价。

（6）生态环境影响评价。

（7）公众参与。

2. 危险废物填埋场的选址应避开哪些区域？

（1）破坏性地震及活动构造区。

（2）海啸及涌浪影响区。

（3）湿地及低洼汇水处。

（4）地应力高度集中，地面抬升或地面沉降速率快的地区。

（5）石灰溶洞发育带。

（6）废弃矿区或塌陷区。

（7）崩塌、岩堆、滑坡区。

（8）山洪、泥石流地区。

（9）活动沙丘区。

（10）尚未稳定的冲积扇及冲沟地区。

（11）高压缩性泥炭及软土区以及其他可能危及填埋场安全的区域。

3. 该项目水环境影响评价的主要评价因子有哪些？

（1）地表水环境影响评价因子包括 pH、COD_{Cr}、BOD_5、SS、石油类、NH_3-N、TP、挥发酚、总汞、总氰化物、重金属（Cu、Cd、Zn、As 等）。

（2）地下水环境影响评价的主要因子包括 pH、总汞、总氰化物、Cr^{6+}、Cu、Zn、Cd 和 As。

案例四　　　　　　　　　　新建居民区项目

××花园小区位于××县城北，东临××路与县城隔河相望，南临××路，西、北以××路为界。规划总用地 141.15 亩，其中建设用地 124.35 亩，项目地理位置优越，四面临路，交通便利。规划总建设用地面积 $28210m^2$，项目所在地无原始植被生长和珍贵野生动物活动，区域生态系统敏感程度较低。

项目的建设内容包括居民楼、超市、餐厅和配套幼儿园，以及垃圾中转站和地下停车库。供排水接市政给排水系统，燃气由天然气输配送管网供应。

××县属暖温带半湿润大陆性季风气候，四季分明，光照充足。由于冬季受蒙古高压侵袭较多，夏季受大陆热低压影响明显，加之海洋气候调和，一般春季干旱多风，夏季炎热多雨，秋季凉爽干燥，冬季寒冷少雨雪，形成了春旱、夏涝、秋又旱的旱涝不均、无霜期较长的气候特点。

1. 该项目环境影响评价的重点有哪些？

通过项目排污特点和周围环境状况的综合分析，确定本次评价重点如下：

（1）施工期环境影响评价。

（2）水环境影响评价。

（3）生态环境影响评价。

（4）地下停车场废气影响评价。

（5）污染防治措施的可行性评述与建议。

（6）交通噪声对本项目的环境影响评价。

2. 该项目污染物排放应执行的排放标准。

（1）大气污染物排放执行《大气污染物综合排放标准》（GB16297 - 1996）中表 2 的二级标准。

（2）废水排放执行《城镇污水处理厂污染物排放标准》（GB18918 - 2002）中表 1 的一级 B 标准。

（3）建筑施工噪声执行《建筑施工场界环境噪声排放标准》（GB12523 - 2011）；运营期噪声执行《社会生活环境噪声排放标准》（GB22337 - 2008）中的 2 类区标准，即昼间：60dB(A)，夜间：50dB(A)。

（4）一般固废暂存执行《一般工业固体废物贮存、处置场污染控制标准》

（GB18599 – 2001，环保部公告 2013 年第 36 号修改单）标准。

（5）危险废物执行《危险废物贮存污染控制标准》（GB18597 – 2001，环保部公告 2013 年第 36 号修改单）标准。

3. 项目施工期环境影响及防治措施。

本项目在建设期间会对周围环境产生一定的影响，主要是建筑机械的施工噪声，扬尘，施工废水。其次是建筑垃圾、施工人员排放的生活污水和生活垃圾。

1）大气环境影响。

施工期空气主要污染物为粉尘、汽车尾气和装修产生的有机废气。

（1）粉尘。

根据施工期的工程特点，该建设项目施工期的土方开挖、土方回填、土方运输、施工材料装卸、混凝土水泥砂浆的配置等施工过程都会产生大量的粉尘，施工场地道路与砂石堆场遇风也会产生扬尘，搅拌车辆和运输车辆往来也会引起道路扬尘，因此会对周围大气环境产生影响。主要污染因子为 TSP。

在建筑物主体结构施工期和装修工程期间，主要是在装卸建筑材料和搅拌水泥灰浆的过程中易产生粉尘。此外，在大风天气下，建筑材料的堆积也会产生扬尘。但与施工前期的土石方工程相比，这个过程中产生的粉尘较少，主要集中在施工场区范围内，对周围的空气环境影响不大。

可采取以下防治措施减轻扬尘对环境的影响：

①加强重点环节环境监管，按照《防治城市扬尘污染技术规范》（HJ/T393 – 2007）要求，对物料堆场采取覆盖、喷淋和围挡等相应的防风抑尘措施，密闭输送物料应当在装料、卸料处配备吸尘、喷淋等防尘设施。物料存储场所及周边道路应当进行硬化处理，并配置车辆清洗专用设施。在建设项目施工工地周边设置高度 2m 以上的围挡，严禁建筑物裸露施工，不得高空抛洒建筑垃圾。

②加强对施工工地的管理，严格控制施工扬尘、土壤扬尘、道路扬尘以及堆场扬尘。运输砂石、渣土、土方、垃圾等物料的车辆应当采取棚盖、密闭等措施，防止运输过程中物料遗撒或者泄漏产生的扬尘污染。在施工场地安排员工定期对施工场地洒水以减少扬尘量，洒水次数根据天气状况而定。一般每天洒水 1 ~ 2 次，若遇到大风或干燥天气可适当增加洒水次数。

③建筑垃圾应当及时清运，日产日清，装卸车不得凌空抛洒，对运输建筑材料及建筑垃圾的车辆加盖篷布减少洒落，车辆不得粘带泥土驶出施工工地。

④临时设施的搭建应做到布局合理、经济适用。施工现场的临时道路应尽量硬化或加铺炉渣、石子等以减少扬尘的产生。

⑤用预搅拌混凝土减少扬尘的产生，尽量避免在大风天气进行施工作业。

⑥建设单位在与施工单位签订施工承发包合同时，应当把施工单位的扬尘污染防治责任列入承包内容，将扬尘污染防治费用列入工程预算，并在施工过程中由专人负责。

⑦建设项目施工监理单位应当把扬尘污染防治措施纳入工程监理细则，对发现的扬

尘污染行为，应当要求施工单位立即改正，并及时报告建设单位及有关行政主管部门。

⑧文明施工、规范操作，施工现场的物料应分区布置、排放整齐。

（2）尾气。

尾气主要来自施工机械和交通运输车辆，排放的主要污染物为 NO_2、CO 和碳氢化合物等，会对该地的空气环境产生一定的负面影响。施工机械所产生的燃油废气，其产生量和施工机械的选用、机械性能和维护水平有关。在施工过程中，应保证施工机械在"无病"条件下运转。

（3）装修废气。

项目主体结构建成后，需要对建筑物地面、墙体进行装修。在此过程中，废气主要来自各种涂料、油漆等排出的甲醛、苯、二甲苯等有机废气以及少量的粉尘，属于无组织性排放。

可采取以下防治措施减轻装修废气对环境的影响：

①采用优质的建筑材料，材料标准达到《天然石材产品发射性防护分类控制标准》。

②绿色装修，采用符合国家标准的室内装饰和装修材料，从源头上降低装修废气对周围大气的污染。

③油漆和涂料喷涂产生的废气，对近距离接触的人体有一定危害，施工期的污染对象主要是施工人员，应采取必要的安全防护措施，如戴防护面具或口罩等。

2）水环境影响

施工期废水包括施工生产污水和施工人员的生活污水。

（1）生活污水：其主要污染因子为 COD、BOD_5、SS、NH_3-N。拟建项目施工期建设期间产生的污水应经化粪池处理后，外运堆肥。

（2）工程废水：施工期工程用水主要来源于工程养护和雨水，该部分水绝大部分蒸发，对项目周围水环境不会造成污染影响。项目施工过程中，应在施工场界处做好围挡，并对土石方堆放场地进行排水沟设置，避免因地表径流和雨水冲刷而引起场地内物料和水土流入，对水体环境造成污染影响。

3）噪声环境影响

施工期噪声污染源主要是施工机械和运输车辆，其特点是间歇或阵发性的，并具备流动性、噪声较高的特征，这些设备的运转将影响施工场地周围区域声环境的质量。

土方阶段噪声源主要有装载机和各种运输车辆，基本为移动式声源，无明显指向性；基础工程阶段噪声源主要有各种平地车、移动式空气压缩机和风镐等，基本属固定声源；结构阶段主要噪声源包括各种运输设备、振捣棒、吊车等，多属于撞击噪声，无明显指向性。

为了尽量减少因本项目施工对项目区噪声环境带来的不利影响，可采取以下控制措施：

（1）合理安排施工计划和施工机械设备组合以及施工时间，避免在中午（12：00～14：00）和夜间（22：00～6：00）施工，避免在同一时间集中使用大量的动力机械设备。对于因生产工艺要求必须连续作业，需要晚上施工的建筑施工工艺，必须事前报有关负责部门批准及证明，同时必须公告周围居民后方可施工。施工单位严格执行《建筑施工场界环境噪声排放标准》（GB12523－2011）的要求，在施工过程中，尽量减少运行动力机械设备的数量，尽可能使动力机械设备比较均匀地使用。

（2）对拟建项目的施工场地进行合理布局，尽量将高噪声的机械设备布置在项目区中间。

（3）从控制声源和噪声传播途径及加强管理等不同途径对施工噪声进行控制。

①控制声源

有意识地选择低噪声的机械设备；对于开挖和运输土石方的机械设备（挖土机、推土机等）以及翻斗车，可以通过排气消声器和隔离发动机震动部分的方法来降低噪声，其他产生噪声的部分还可以采用部分封闭或者完全封闭的办法，尽量减少振动面的振幅；闲置的机械设备等应该予以关闭或者减速；一切动力机械设备都应该经常检修，特别是对那些因为部件松动而产生噪声的机械，以及那些降噪部件容易损坏而导致强噪声产生的机械设备。

②控制噪声传播

将各种噪声比较大的机械设备远离环境敏感点，并进行一定的隔离和防护消声处理。

③加强管理

尽可能减少施工中的撞击、摩擦噪声。施工期间，建筑施工场界环境噪声排放应达到（GB12523－2011）中的有关规定。对交通噪声造成的影响要加强管理，采用较低声级喇叭的运输车辆，在途经环境敏感点限制车辆鸣笛。另外，还要加强项目区内的交通管制，尽量避免在周围居民休息期间作业。

4）固体废物环境影响

施工期的固体废物主要为施工过程中产生的施工建筑垃圾、废弃的包装材料及工人产生的生活垃圾。

建筑垃圾大多为固体废弃物，主要来自建筑活动中的三个环节：建筑物的施工（生产）、建筑物的使用和维修（使用），以及建筑物的拆除（报废）。建筑施工过程中产生的建筑垃圾主要有开挖的土石方、碎砖、混凝土、砂浆、桩头、包装材料等，使用过程中产生的主要有装修类材料、塑料、沥青、橡胶等，建筑拆卸废料如废混凝土、废砖、废瓦、废钢筋、木材、碎玻璃、塑料制品等。

施工期产生的固体废物应本着"资源化、减量化、无害化"的原则分类进行综合利用和妥善处置。建筑垃圾应与当地环卫部门协商，堆放在环卫部门指定的地点，并由环卫部门统一处理；生活垃圾集中收集存放，由环卫部门统一处理。

5）生态环境影响

项目建设期间，施工人员的各项活动，包括施工活动和生活活动，均会对周边环境产生一定的影响。施工人员日常生活所产生的各类生活废弃物，尤其是不可降解的塑料等对周围环境的影响不可忽视。

本工程建设将产生人为的水土流失，而水土流失主要发生在施工期。一是在工程施工过程中，开挖使植被破坏，表面土层抗蚀能力减弱，加剧水土流失；二是开挖产生裸露面，裸露面表层结构较为疏松，易产生水土流失；三是施工期间，土石渣料在搬运和弃置过程中，不可避免会产生部分水土流失。因此，项目建设期应严格遵守《水土保持综合治理技术规范》（GB/T16453-2008）中的有关规定，控制水土流失。水土流失防治可采取以下措施：

（1）原则性措施。

①从规划设计到工程施工均应确保首先考虑水土保持工作，并制定严密可靠的水土保持措施。

②充分考虑降雨的季节性变化，合理安排施工期，大面积的破土应尽量避开雨季，不仅可减少水土流失量，还可大幅度节省防护资金。

③合理安排施工单元，减少施工面的裸露时间，尽量避免施工场地的大面积裸露。

④优化工程挖方和填方，尽量保持原有的地形地貌，减少土石方开挖量。

⑤重视全方位、全过程的水土保持工作，做到从施工到工程完工的全过程水土保持工作。

⑥设置专人专项资金，确保水土保持工作的顺利实施。

（2）技术性措施。

①绿化措施。

根据项目所在地气候和土质条件，选择合适的树种或者尽量使用当地树种，在场地周围一定范围内建立一个绿化带，形成绿色植物的隔离带，做好护坡工作，这样既可以起到水土保持和防止土壤侵蚀的作用，也可以吸附尘埃、净化空气，还能美化环境。

②施工期间临时的水土保持措施。

施工期间，采取一围、二疏、三沉淀措施，即动土前在项目区周边临时建设围墙将项目区与外部隔开，防止动土泥沙对外界产生影响；疏导、理顺水系，先截后排，防止水流在施工场地乱流，并根据地形变化不断调整场地排水沟；在场地排水沟末端设置沉淀池，使大部分泥沙就地沉淀，防止泥沙进入市政排水管网。

③施工结束后的植被恢复。

在主体工程完工过后，除按照设计要求做好工程防护外，还应该按照规划进行大面积绿化以恢复植被。

4. 营运期主要污染源及污染物

（1）废水。

本项目产生的废水主要是小区居民生活用水、物业人员用水及绿化用水等。污水中主要含有 COD、BOD_5、SS、NH_3-N 等。

（2）废气。

营运期废气主要为地下停车库汽车产生的尾气、汽车行驶排放的汽车尾气，燃料废气和居住生活区产生的厨房油烟废气等。

①汽车尾气。

该项目停车位位于地下。停车位运营过程中产生的汽车尾气对地下停车库大气环境影响较大。

②燃料废气。

该项目住宅楼内生活燃料全部使用城市管道天然气。天然气燃烧后产生 NO_2 及少量的 SO_2、烟尘。

③厨房油烟。

烹饪过程中挥发至空气中的油烟。

（3）固体废物。

项目产生的固体废物主要为居民生活垃圾。

（4）噪声。

项目运营期噪声主要是道路上行驶的汽车、水泵、配电设备、风机等机器、设备运行产生的噪声。

农林水利类项目案例

案例一　　　　　　　　　　　　　　　新建水库项目

××水库工程的开发是以灌溉为主，兼顾灌溉区集镇供水和农村人畜饮水。设计灌溉面积为 12 万亩，水库正常蓄水位 413m，总库容 2400 万 m^3，初选坝型为泥岩心墙石渣坝，最大坝高 30m，推荐为下坝址。枢纽由大坝，溢洪道，放空隧洞和取水隧洞等建筑物组成。溢洪道布置于右坝肩，采用闸宽顶堰，溢洪净宽 18m；已成放空隧洞位于大坝左岸，闸孔尺寸为 $2.0 \times 2.4m$，洞长 319.62m，取水隧洞位于大坝左岸，闸孔尺寸为 $2.7 \times 2.7m$，隧洞全长 379.67m。灌区共布置输水干渠一条，总长 40m，其中暗渠 2 座，总长 0.5km；隧洞 15 座，总长 9.78km；倒洪管 2 座，总长 4.5km。布置支渠 9 条，总长 60km，其中万亩以上支渠 4 条，总长 35km。该水库位于 A 河一级支流 B 河上，B 河属 A 河一级小支流，发源于 ×× 山（海拔高程 800m）自西向东流，B 河全流域面积 160km²，河道长 28km。沿岸除 C 场镇外，无其他重要场镇、工矿企业和集中成片居民点，人类活动影响轻微。坝址位于 C 镇，控制集雨面积 50km²。多年平均来水量 4099 万 m^3，是一座以灌溉为主，兼顾灌区集镇和农村人畜饮水的中型水利工程。

1. 该项目的主要环境保护目标有哪些？

根据项目所在区域的环境状况和该项目本身特点，确定环境保护目标如下：

（1）根据《环境影响评价技术导则　大气环境》（HJ2.2-2008）及项目所在地的位置和工程组成，该区域的环境空气质量维持现状，即评价区域不因本项目建设空气质量有明显的下降，使之满足《环境空气质量标准》（GB3095 – 2012）中的二级标准限值的要求。

（2）保护项目所在区域地表水水质满足《地表水环境质量标准》（GB3838 – 2002）Ⅱ类和Ⅲ类标准要求。

（3）保护项目所在区域地下水水质不受污染，水质满足《地下水环境质量标准》（GB/T14848 – 2017）Ⅲ类标准要求。

（4）项目区周围声环境及环境敏感点，保护级别为《声环境质量标准》（GB3096 – 2008）1类标准。

（5）保护项目区现有生态环境。项目建成后，应做好对建设项目区域及周围环境的绿化和水土保持工作，使项目区周边生态环境有所提高。

2. 该项目执行的环境质量标准和污染物排放标准有哪些？

（1）环境质量标准。

①《环境空气质量标准》（GB3095 – 2012）中二级标准。

②《地表水环境质量标准》（GB3838 – 2002）中Ⅱ类和Ⅲ类标准。

③《地下水质量标准》（GB/T14848 – 2017）中的Ⅲ类标准。

④《声环境质量标准》（GB3096 – 2008）中Ⅰ类标准。

⑤执行《土壤环境质量标准》（GB15618 – 1995）、《开发建设项目水土保持技术规范》（GB50433 – 2008）及《土壤侵蚀分类分级标准》（SL190 – 2007）。

（2）污染物排放标准。

①《污水综合排放标准》（GB8978—1996）。

②《大气污染物综合排放标准》（GB16297—1996）中二级标准。

③《建筑施工场界环境噪声排放标准》（GB12523—2011）。

④《开发建设项目水土流失防治标准》（GB50434 – 2008）。

⑤《一般工业固体废物贮存、处置场污染控制标准》（GB18599—2001）。

（3）总量控制标准。

对 COD、$NH_3 – N$、SO_2、NO_x 四项主要污染物实施总量控制。

3. 施工期工程分析包括哪些内容？

（1）大气环境影响分析。

①施工扬尘。

项目施工期大气污染物主要包括施工扬尘和燃油废气。

施工过程中产生的扬尘是大气环境污染的主要问题，主要是在土石方开挖回填，建筑材料临时堆放、材料运输、路面恢复、车辆运输过程中产生的扬尘。施工机械产生的燃油废气也是造成大气环境污染的因素之一，排放的主要污染物为 CO、NO_x 等。

②燃油废气。

施工机械设备燃烧燃油过程中将产生 CO、NO_x、SO_2、碳氢化合物污染物。

（2）水环境影响分析。

①生产废水。

施工期生产废水主要来自砂石料冲洗废水、混凝土拌和系统冲洗和混凝土养护过程中产生的含泥污水。另外，施工机械维修、保养及清洗，也会产生一定量的含油废水。

②冲洗、混凝土拌和系统、养护废水。

在施工中对少部分不符合技术要求的砂石骨料进行冲洗，废水产生量计入混凝土拌和和养护废水中，冲洗中的泥浆和粒径小于 0.15mm 的细砂将被水流挟带冲走，冲洗废水中的悬浮物浓度将有所增加，具有废水量较大、悬浮物浓度高的特点，若不经处理直接排入水域，将会对排水区域水环境产生一定的影响。

③施工机械保养、清洗废水。

施工机械在保养、清洗过程中将产生一定量的废水，这类废水中悬浮物含量较高，同时含有少量石油类物质。此类废水若不经处理随意排放，将会对地表水和土壤造成污染。

④生活废水：施工人员产生的生活污水。

（3）声环境影响分析。

工程的主要施工噪声来自反铲挖掘机、混凝土拌和机、起重机、轮胎碾/振动碾、自卸汽车等施工机械，主要流动噪声源为载重汽车和推土机。

（4）固体废弃物环境影响分析。

①弃渣：施工产生的废渣。

②建筑垃圾：主要来自各施工区临时建筑物拆除，以及工棚和附属建筑的拆除等。随着施工结束，大量的建筑垃圾（包括废弃的砖瓦、木料等）及各种杂物堆放在施工区，会对环境产生影响。

③生活垃圾：主要为施工人员产生的生活垃圾。

（5）与相关规划的协调性分析。

①与流域规划的符合性分析。

②与当地农业发展规划相符性。

③与当地社会经济发展规划协调性分析。

④与生态功能区划的协调性分析。

⑤与水环境功能区划的协调性分析。

4. 该项目环境风险评价的内容有哪些？

环境风险是指突发性事故对环境（或健康）的危害程度。环境风险评价的目的是分析和预测建设项目存在的潜在危险、有害因素，建设项目建设和运行期间可能发生的突发性事件或事故，引起有毒有害和易燃易爆等物质泄漏，所造成的人身安全与环境影响和损害程度，提出合理可行的防范、应急与减缓措施，以使建设项目事故率、损失和环境影响达到可接受水平。本项目环境风险评价的内容包括：

（1）运行期环境风险分析。

水库运行期环境风险主要为水库溃坝风险。运行过程中，水库如果发生溃坝，对于下游将带来较大的环境问题。根据国内和国际上对大坝安全的研究成果，引起大坝破坏和溃决的原因很多，也很复杂。主要原因有以下几点：

①漫顶洪水。

大坝是水库最主要的水工建筑物。它的安全与否不但直接影响水库发挥经济效益，还关系到下游人民的生命财产安全。大坝一旦失事，将产生无法弥补的生命、财产损失。因此应对工程区内大范围的崩塌、滑坡等地质现象，并对可能产生的塌滑边坡进行调查和分析。此外，应对水库挡水、泄水建筑物防洪标准按五十年一遇洪水设计，一千年一遇洪水校核。结合水库的特点，溢洪道应具有足够的泄流能力，保证在正常及发生洪水情况下，水库不会发生漫坝。

②地震。

对工程区所在大地构造进行调查分析。调查地层岩性，有无断层及断裂带。

③坝基破坏。

坝基的变形性、渗透性、稳定性与大坝的安全有很大的关系。良好的坝基应具有足够的抗变形和承载能力，透水性小和岩体完整稳定，以免变形过大引起地基破坏，渗透水压过大导致扬压力超限和坝体或坝座岩体滑动失稳。

④施工不当。

施工工艺不规范，施工质量检查检验较松，施工用材不当等都可能引起大坝局部破坏，威胁大坝安全。

（2）运行期环境风险防范措施。

①优化设计和保证施工质量。

严格按照设计规范，优化大坝设计和施工方案。加强施工监理，确保施工质量，杜绝豆腐渣工程。

②制定详细的大坝安全管理制度。

严格按照《水库大坝安全管理条例》制定详细的安全管理制度，如禁止在大坝管理和保护范围内进行爆破、打井、采石、采矿、挖沙、取土、修坟等危害大坝安全的活动，非大坝管理人员不得操作大坝的泄洪闸门、输水闸门以及其他设施，大坝管理人员操作时应当遵守有关的规章制度。禁止任何单位和个人干扰大坝的正常管理工作等。

③制定大坝安全监测和预警系统。

建立完善的大坝安全监测系统和报警系统，其中监测系统中包括：水文站、气象站、坝址水位记录站、大坝变位监测站、坝址地震监测站、大坝坝基扬压力监测站及坝基渗流量监测站等。警报系统则要做到一旦出现大坝失事征兆，迅速通知坝址及下游影响范围内的居民和其他机构，需要有完善的通讯、联络、警报设施及责任人员配备。

④制定完善的应急计划。

应分内部和外部分别制定应急计划，内部应急计划侧重于大坝本身安全的措施和手段，外部应急计划侧重于大坝下游安全的保护设施和救治手段。

（3）应急预案。

根据《中华人民共和国环境保护法》第三十一条规定，因发生事故或者其他突然性事件，造成或者可能造成污染事故的单位，必须立即采取措施处理，及时通报可能受到污染危害的单位和居民，并向当地环境保护行政主管部门和有关部门报告，接受调查处理。可能发生重大污染事故的企业事业单位，应当采取措施，加强防范。第三十二条规定，县级以上地方人民政府环境保护行政主管部门，在环境受到严重污染，威胁居民生命财产安全时，必须立即向当地人民政府报告，由人民政府采取有效措施，解除或者减轻危害。

针对水库工程可能出现的环境风险，有针对性地制定环境风险事故应急预案。环境风险应急预案计划如下：

①应急计划区。

针对工程可能出现的各类环境风险的特点，以及周边环境条件，其应急计划区主要包括施工区及水库库区。

②应急组织机构。

工程应成立独立的环境风险应急组织机构，相关的协调机构主要包括当地的水利、环保、卫生等主管部门，其中水利主管部门为环境风险应急体系的责任单位。环境风险应急系统的相关部门和单位，需在应急预案计划中明确具体的协调领导责任人、响应应急预案的责任人等。

③应急预案响应条件。

在应急预案计划中，由水利主管部门办公室按照城市正常运行风险分级的要求，明确本工程环境风险应急预案的响应条件。

④应急救援保障措施。

当水库上游公路桥发生交通事故造成有毒有害物质泄漏，应及时组织消防、卫生、环保、水利等部门对事故现场进行救援，采取清除、设置浮栏、投药、水质监测等措施，防止有毒有害物质的进一步扩散，降低对水库水质的污染和可能带来的不利影响。

⑤报警、通讯联络方式。

采用城市应急状态下的报警通讯方式。

⑥应急培训计划。

主要包括应急预案相关责任部门和单位的领导及相关责任人。应急培训可采取集中培训、应急演练等多途径的方式。

5. 该项目淹没及占地的调查内容有哪些？

（1）淹没处理设计标准。

根据《水电工程水库淹没处理规划设计规范》（DL/T5064-1996）的有关规定，考虑到该水库工程属于小（1）型地方工程，库区淹没对象主要是天然草地。按照正常蓄水位进行计算。

水库回水计算考虑工程投入运行30年泥沙淤积影响，干流回水尖灭点按回水线与正常蓄水位水面线水平尖灭。

（2）淹没实物指标调查。

根据库区地形、正常蓄水位方案回水计算结果和库区淹没的有关资料成果查明水库淹没区主要对象的实物量。

按照水库正常蓄水位所确定的淹没界线，将其标于库区地形图上，然后再把各居民点、社界现场勘定后标于上述图上，委托专业测量人员把各种淹没高程线设到实地并插红旗，做临时标志。

（3）水库淹没对经济的影响调查。

从总体情况看，水库淹没土地主要是天然草地，对当地社会经济影响甚微。就微观破坏而论，水库的兴建对淹没牧民放牧的天然草地将产生一定影响，这种影响有利有弊，因此，应对水库淹没产生的经济影响进行调查。

（4）工程占地调查。

工程占地分为永久占地和临时占地。工程永久占地主要为库区淹没范围及工程设施和管理范围。施工临时占地包括临时施工道路、施工工区（利用料堆放场、施工工厂及仓库、设备停放检修厂）、弃渣场和临时生活福利区等。

工程永久占地可根据工程总布置图和设计断面确定，临时用地根据工程施工组织设计确定。

案例二　　　　　　　　　　跨流域调水项目

南水北调东线工程供水范围位于黄淮海平原的东部、山东半岛及淮河以南的里运河东西两侧地区，工程区域在东经115度至122度、北纬32度至40度之间；第一期工程供水区南起长江、北至山东省德州市，供水范围涉及苏、鲁、皖3省21地市89个县级市，是我国人口集中、经济较发达的地区之一。

东线工程基本任务是从长江下游调水，向黄淮海平原东部和山东半岛补充水源，与南水北调中线、西线工程一起，共同解决我国北方地区水资源紧缺问题。东线工程主要供水目标是解决调水线路沿线和山东半岛的城市及工业用水，改善淮北部分地区的农业供水条件，并在北方需要时，提供农业和部分生态环境用水。南水北调东线第一期工程利用江苏省江水北调工程，扩大坝模，向北延伸，供水范围是苏北、皖东北、鲁西南、鲁北和山东半岛。规划工程规模为抽江500m³/s，入东平湖100m³/s，过黄河50m³/s，送山东半岛50m³/s。工程建成后，多年平均抽江水量87.68亿m³，调入下级湖29.73亿m³，过黄河4.42亿m³，送胶东8.83亿m³。调水线路总长1466.50km，其中长江至东平湖1045.36km，黄河以北173.49km，胶东输水干线239.78km，穿黄河段7.87km。调水线路连通洪泽湖、骆马湖、南四湖、东平湖等湖泊输水和调蓄。为进一步加大调蓄能力，拟抬高洪泽湖、南四湖下级湖非汛期水位，治理利用东平湖蓄水，并在黄河以北建大屯水库，在胶东输水干线建东湖、双王城等平原水库。

东线工程供水区以黄河为脊背，分别向南北两侧倾斜。东平湖是东线工程最高点，与长江引水口水位差约40m。第一期工程从长江至东平湖设13个调水梯级，22处泵站枢纽（一条河上的每一级梯级泵站，不论其座数多少均作为一处），34座泵站，其中利用江苏省江水北调工程现有6处13座泵站，新建21座泵站。为满足工程正常运行和调度管理要求，还需建设里下河水源调整补偿工程，截污导流工程，骆马湖、南四湖水资源控制和水质检测工程，调度运行管理系统工程等。东线第一期工程的供水范围大体分为三片：①江苏省里下河地区以外的苏北地区和里运河东西两侧地区，安徽省蚌埠市、淮北市以东沿淮、沿新汴河地区、山东省南四湖、东平湖地区。②山东半岛。③黄河以北山东省徒骇马颊河平原（简称为黄河以南片、山东半岛片和黄河以北片）。供水区内分布有淮河、海河、黄河流域21个地市级以上和其辖内的89个县市区。这些城市都存在不同程度的缺水，多数以开采深层地下水和挤占农业水源补充城市供水。南水北调东线第一期工程实施后，这些城市的供水不足问题可以逐步得到解决。按预测当地来水、需水和工程规模计算，多年平均抽江水量87.68亿 m^3；入南四湖下级湖水量为21.82亿 ~ 37.88亿 m^3，多年平均29.73亿 m^3，入南四湖上级湖水量为14.48亿 ~ 21.39亿 m^3，多年平均17.56亿 m^3；调过黄河的水量为4.42亿 m^3；到山东半岛水量为8.83亿 m^3。

1. 跨流域调水对环境影响分析的内容有哪些？

由于水是自然环境的重要组成物质，也是最活跃的环境因子之一。调水改变水平衡与水文循环，会引起环境的一系列变化。任何调水工程，其对环境的影响均可按地理水文分区方法划分为：水量输出区（水调出区）、输水通过区（连接区）、水量输入区（水调入区）三个部分，要分别研究每一部分对下列各系统的影响，进行评价。

（1）调水的有利影响。

①对调入地区的社会、经济效益。

由于调水目的不同，调入区受到的效益也不同。主要的效益有：灌溉供水效益，接济人民生产生活必需的水源，给缺水地区的经济发展注入了新的生机和活力，促进地区工农业生产发展和提高人民生活水平等；发电效益，利用输水落差发电；其他效益，调水可以增加通行线路和里程，促进航运事业发展，降低运输成本，加强区域经济交流；调水可以把营养盐带入调水体系，有利于饵料生物和鱼类生长与繁殖，促进渔业发展；调水还可以使净污比增高，改善水质，扩大水域，打造人工和生态景观，发展旅游、娱乐业等。

②对调入地区的生态效益。

调水可以使缺水地区增加水域，使得水圈和大气圈、生物圈、岩石圈之间的垂直水气交换加强，有利于水循环，改善水调入区气象条件，缓解生态缺水。调水还可以增加水调入区地表水补给和土壤含水量，形成局部湿地，有利于净化污水和空气，汇集、储存水分，补偿调节江湖水量，保护濒危野生动植物水源，减少地下水的开采，防止地面沉降，对因缺水而引发的地区性生态危机，将获得巨大的生态效益、环境效益。

③缓解调出地区的洪水威胁——防洪效益。

因修建调出水地区的堤坝工程，汛期可削减洪峰滞蓄洪水，能有效缓解洪水威胁。

如南水北调中线的汉江丹江口枢纽工程，大坝将加高，防洪库容增大，防洪能力提高，在和三峡水库联合运行的有利条件下，通过合理调度，可避免特大洪水的灾害。

（2）对调出区的不利影响。

①径流减小，影响调出地区用水，从而影响经济发展，特别是随着社会经济发展，调出地区用水可能大幅增加，因此设计引水量时，必须充分考虑。

②移民问题。调水工程移民涉及众多领域，是一项庞大复杂的系统工程，关系到人的生存权和居住权的调整，是当今世界性的难题。

③可能引起生态环境用水不足，引发一系列生态灾难。

④水库影响问题。水库作为调水工程主要调节建筑物形式，对环境影响非常复杂，其涉及水源的水文学、水化学、水生物学和流体热力学等，其不利影响在对工程建设影响环境评价中应予以足够重视。其影响集中体现在：1）对陆地生境的影响，表现为植被受毁坏、动物遭毁灭、野生动物的迁移、移栖途径的毁坏或中断、繁殖地的破坏及活动范围的隔离等。2）对水生生境的影响，引起流速、水温、水质发生变化，天然迁徙途径受到阻挡和破坏，从而对水生生物造成不利影响。3）对泥沙和河道的影响。如筑坝建库后，库区易发生泥沙淤积，而下游河床及部分河口，由于缺少泥沙补给，易发生冲刷等。4）地质灾害，修建大坝后可能会触发地震、崩岸、滑坡、消落带等不良地质灾害。5）其他影响，譬如大坝运行不当，或出现工程质量问题，抑或遇到超标准的负荷，战争带来的人为破坏等造成的溃坝，水库库区淹没后可能对文物和景观带来影响。

⑤水量减少，污染可能加重。对水质、营养水平、重金属浓度、溶解氧和生化需氧量水平产生不利影响。水是有一定的环境容量的，如果水量比较大，通过自身的净化作用，它可以稀释一部分的污染，如果污染量非常大，水量非常少的话，就很难起到稀释污染的作用。

⑥在水量调出区的下游及河口地区，因下游流量减少，可能会引起河口咸水倒灌，水质恶化，破坏下游及河口区的生态环境。

（3）对调入区的不利影响。

①疾病传入。

在调水过程中某些有害物质和元素在不同地域因冲而减，或因滞而增，客观上造成某些病毒病菌的传播，使伤寒、痢疾、霍乱等得以蔓延。也可引起水中某种化学成分缺少或过量造成区域性疾病，如导致血吸虫病的扩散或增加蚊虫传播疾病的可能性等。

②外来物种入侵加剧。对于水生外来物种而言，调水工程无疑会扩大其入侵和生存的空间，给本来就严峻的防治工作雪上加霜。

③污染的输入。一旦发生大范围的水污染突发事件，若处理不及时，监控措施不到位，可能造成更大范围的生态灾难。

（4）对调水河道、渠道等的不利影响。

①利用原河床调水，势必增加流量和流速，易引起河床不稳定。

②输水通过区的环境影响主要发生在干渠与支渠沿线。渠道渗漏会影响所经地段的

土壤与地下水的平衡。在北方地区有次生盐渍化的威胁。渠道与天然排水方向相交出现阻水与干扰河系的问题等。

2. 工程对地下水影响分析包括哪些内容？

（1）水库工程对地下水影响分析。

水库工程的建设，将改变水库上下游的水文情势。水库蓄水后，水面由原来的河流型变为湖泊型，水位抬高，水面面积增大。当地下水位高于水库正常高水位，且岩层有一定的透水性时，水库会发生渗漏，使地下水位升高。

当水库周围存在大型地下水水源地时，水库渗漏将为水源地提供补给水量，有利于地下水开采。水库周围无地下水用户，且地势低于平时，水库渗漏则会引起沼泽化。河流往往是其下游地区地下水的主要补给来源。由于水库的拦蓄，河流流量减少，尤其当上游有工农业取水口时，坝址下游河流流量将大幅度减少，甚至断流，这将对下游地区地下水位与水量产生一定的不利影响。

（2）灌溉工程对地下水影响分析。

当长期利用地表水作为灌溉水源时，由于灌水的入渗将抬高地下水位，在排水条件不好时，地下水位过分升高，产生土壤次生盐渍化，降低土壤质量。当利用地下潜水作为唯一的灌溉水源时，由于长期抽取地下水而使地下水位降低，灌溉水回渗量远小于灌水量。所以农业灌溉期地下潜水位下降。只有在降雨期，地下潜水量才能得以补充，地下水位得到回升。利用承压水作为灌水水源，承压水位下降幅度更大。

（3）输水工程对地下水影响分析。

渠道在不采取防渗措施的条件下，当渠道水位高于地下水位时，会产生渗漏，且渠道水位与地下水位高差越大，渗漏越严重。相反，当地下水位高于渠水位时，地下水向渠内渗漏。渠道渗漏使两岸地下水位抬高，可引起土壤次生盐渍化或沼泽化。渠道在采取防渗措施的条件下，当渠道切断地下水含水层时，可能会对地下水产生阻隔影响，使上游地下水位升高，而下游因减少了上游的部分径流补给量，地下水位下降。

3. 水环境现状调查与评价的内容有哪些？

（1）环境现状调查范围，应包括受建设项目影响较显著的地面水区域，如施工区、淹没区、移民安置区、水源区、输水沿线区、受水区、工程上下游河段、湖泊、湿地、河口区等。

（2）各环境要素及因子的调查范围应根据影响区域的环境特点，结合评价工作等级确定。

（3）当下游附近有敏感区（如水源地、自然保护区等）时，调查范围应考虑延长到敏感区上游边界，以满足对敏感区的评价要求。

4. 陆生生态影响预测与评价的内容有哪些？

生态因子之间相互影响和相互依存的关系是划定影响范围的原则和依据。水利水电工程建设项目对生物资源影响评价的范围主要根据评价区域与周边环境的生态完整性确定，而生态系统结构的完整性、运行特点和生态环境功能都是在较大的时空范围内才能完全和清晰地表现出来。

（1）直接影响。

水利水电类项目对生态环境的直接影响包括施工期影响和运营期对工程所及地区的影响。主要包括以下几个方面：

①施工道路开通、大坝修建的基底清理和土石方采掘所导致的植被破坏、水土流失问题、水体污染及土地碾压占用问题。

②土石方工程和涵洞工程，爆破惊扰居民和野生生物，有弃土弃石占地、污染，水土流失、泥石流风险等。

③库区蓄水淹没土地资源，清除植被造成生物资源和生物多样性的损失。

④水文、水质变化导致的水生生态影响，如形成河流脱水段，改变河流流态对鱼类的影响等。

⑤施工人员居住区建设造成植被破坏、土地占用及污染问题，偷猎盗伐，对生物多样性的威胁以及引入疫源性疾病等。

（2）间接影响。

水利水电工程建设项目的间接影响包括：

①因工程配套所需而发生的工程性影响，如输电线路建设、输水渠道和管道建设、灌区建设等。

②因移民安置在异地产生的影响。

③由于项目建设促进经济社会发展而带来的问题，如因道路开通而发生的廊道效应、城镇化效应等。

（3）其他相关影响。

水利水电类项目对生态环境影响具有流域性和区域性特征，许多影响具有相关性质。

①水库上游伐木、开垦种植，会导致水土流失，引起水库水质恶化和淤积。这种影响有可能来源于城镇建设或由库区外迁人口的回流造成。

②工业废水或居民生活污水排入水库，使水质污染，导致水利水电工程丧失其供水或灌溉功能。这种影响有的是由于水库蓄水改变水文情势引起的，有的是区域经济发展所致。

③流域内进行多梯级开发，无统一规划，使生物资源受影响的程度增加。

5. 该项目可选用的生态环境影响评价方法有哪些？

生态环境影响评价的方法依据评价对象、内容和特点、主要评价目的和评价要求进行选择。

（1）图形叠置法（生态图法）。

目前本方法主要用于区域开发，水利水电工程、土地利用规划等方面的评价，也可将污染影响程度和植被或动物分布叠置成污染物对生物的影响分布图。

（2）生态机理分析法。

（3）类比分析法。

（4）列表清单法。

（5）质量指标法（综合指标法）。

（6）景观生态学方法。

（7）生产力评价法。生物生长量、生物量、物种量是环境质量生态学评价的三个重要的生物学参数。该方法一般应用于评价生态环境质量及其变化趋势，分析影响生态系统生物生产力的主要因素以及估计土地的生物资源生产力等方面。

（8）生物多样性定量评价。生物多样性一般由物种多样性指数、均匀度和优势度三个指标表征。

（9）层次分析法。

（10）德尔菲法。

6. 该项目评价因子如何选择与确定？

依据水利水电工程建设项目对施工区及其周围陆生生物资源的影响程度和范围的大小、影响时间的持续性、影响的潜在性及影响受体的敏感性，采用矩阵分析表进行判别，可选取下列影响评价因子：

（1）地貌。

地形地貌影响着栖息于该地区的动植物，也影响着人类的生活，在生态环境影响评价中处于重要的地位。一般采用定性评价的方法进行评价。

（2）森林覆盖率。

森林面积是指郁闭度在 0.3 以上的乔木林地、经济林地和竹林地面积。森林与光、大气、温度、水、土壤、动物、昆虫、微生物、防风固沙、水土保持、防治环境污染、噪声、农业以及人体身心健康等方面都有密切的关系。它是生态环境质量的支柱，对生态环境质量影响极为显著。在山区，当森林覆盖率达到 70% 以上时，森林的综合生态功能才能充分发挥，才能形成良好的生态环境。

（3）维管束植物。维管束植物是支持生态系统的核心部分。它不仅直接提供人类生活所需的各种食物、药物、工业用原料等，还通过参与各种生物化学循环过程来维持人类生存环境。

（4）国家重点保护植物。其评价等级依据《国家重点保护野生植物名录》。

（5）古树名木。

（6）淹没区生物量/评价区生物量。

水库淹没区生物量丧失的多少是生态环境质量的一个重要指标，该评价体系采用水库淹没区生物量与评价区生物量之比作为一个相对指标来判断评价区的环境质量。

（7）陆栖脊椎动物。

陆栖脊椎动物是一个地区生物群落的重要组成部分，是食物链中的一个重要环节，能决定和影响其他生物的生存与发展，对维护生态平衡和地区生物多样性有重要的意义，可以作为衡量生物多样性或生态环境质量的一个重要指标。

（8）国家重点保护动物。

珍稀濒危动物是宝贵的自然资源，对于维护生态平衡、开展科学研究有着重要意义，它们赖以生存的环境是森林，其种类和数量与该区域的气候、生境类型、人为干扰程度等因子密切相关，它的分布状况可以反映该区域的生态环境质量。其评价等级根据《国家重点保护野生动物名录》。

（9）土著物种。

区域内分布的特有的动植物种类。水利水电工程的建设一方面改变了原有的生态环境，对本地的特有物种会产生一定的影响，甚至造成物种灭绝；另一方面，建设过程中大量施工人员和物资的输入，难免带来新的外来入侵物种，它们的入侵会给周围的生态环境造成巨大危害，它们通过压制和排挤土著物种，形成单优势种群，危及本地物种，大有导致生物多样性丧失之势。土著物种的变化可以作为衡量评价区生物多样性或生态环境变化的一个重要指标。

（10）生态敏感区。

在我国主要指现存的著名自然历史遗产、自然保护区、风景名胜区和水源保护区。水利水电工程建设对敏感区的影响更是该评价体系重要指标。

（11）土壤侵蚀模数

土壤侵蚀模数是自然生态环境破坏后的客观反映，也是衡量水利水电工程建设项目对生物资源影响的一个重要评价指标。

（12）土地垦殖率。

指农业用地面积占土地总面积的比例。由于农作物固着土壤的能力远不如森林，也不及灌丛和草坡，垦殖率越高，越易造成土壤侵蚀。因此，土壤垦殖率也是该评价体系的重要指标。

（13）人口经济密度。

人口密度是指一定时期单位土地面积上居住的人口数，通常以每 km^2 的常住人口数来表示，反映人口的稠密程度。考察人口密度，还需考察"人口经济密度"状况，如人口与耕地面积、人口与资源蕴藏量、人口与产量（产值）、人口与国民收入之比等。人口经济密度大小，更能反映一个地区的人口稠密程度和人口与经济的关系。

案例三　　　　　　　　　　新建农田水利设施项目

××市××区××镇××村新建小型农田水利工程，主要功能为引水库水进入工程区，整治并新建区内山平塘，改善蓄水能力，配套引水管网和灌溉渠系，提高工程区农业的灌溉保障率；增加蓄水量，为养殖提供便利，并改善区内生态环境；改善功能区人口 2300 人及牲畜的饮水问题。

××镇位于××市××区西部 A 山麓，距××主城区仅 10 多千米，东与含谷、白市驿镇相邻，南与走马镇接壤，西与璧山县青杠街道连接，北与沙区曾家镇比邻。是一个以现代农业、生态农业和旅游开发为主要发展方向的都市近郊新型的小城镇。××镇所辖7个行政村，一个居委会，共有117个合作社，全镇幅员面积40km²，人口约2万。该项目区位于××市××区西部，北临沙坪坝区曾家镇；东与××镇白鹤村隔绕城高速相望；南靠××镇海南村；西接璧山县。幅员面积7.8km²。项目工程主要建设内容、规模及主要工程量见表1。

表1 工程建设主要任务

工程类型	建设类型	数量	任务
渠道	新建	8条	本着因地制宜、实事求是、从易到难、一次到位的原则，对原有9口山平塘进行整治修复，使得整修后的山平塘不仅发挥水利灌溉的作用，还有养殖，休闲娱乐的功能；调整工程区西部丘坡地表汇水，新建山平塘1口；规划区内外2个水库引水路线，配套引水管21条，新建渠道8条；改善提水设施，新建提灌站2座，并配套修建300m³蓄水池2口。项目采用碎石和水泥站拌工业进行混凝土拌合，并运送至施工场地
提灌站（配套蓄池）	新建	2处	
整治山平塘	整治	9口	
新建山平塘	新建	1口	
引水管网	新建	21条	
生产道	新建	10条	

工程所在区属于长江流域嘉陵江水系梁滩河支流，属亚热带湿润季风气候，多年平均降雨量1088.8mm，最少年为785.6mm，最大降雨量为1442.1mm；多年平均气温18.3℃，极端最高气温42.4℃，极端最低气温-2.4℃；多年平均日照1300h；区内多年平均蒸发量为928.5mm，最多年1200.4mm，最小年873.2mm。区内断裂裂隙不发育，无滑坡、崩塌等地质现象，工程地质条件较好，地势起伏较小，坡度多在2~15度之间，相对高差在20~70m之间，区内溪河切割，植被覆盖率较高，河网密度较大。

1. 农田水利工程分析的主要内容有哪些？

（1）项目从水库引水的可行性分析。

（2）饮水管网和渠道布局分析。

根据农田承包自主经营的条件，要依据相关法律法规对灌溉工程布局进行分析，切实保护农户的根本利益。同时还要考虑地形地势，合理安排线路和场站。

（3）生产道边沟和田间道边沟布局分析。

（4）新建山平塘的选址分析。

（5）整治山坪塘的方案分析。

（6）田间道路工程分析。

（7）农田防护与生态环境保持工程分析

项目区地貌属中山谷地貌，遇到暴雨等恶劣天气容易发生水土流失。项目区林地密度较好，项目实施时，应注意保护这部分区域的原生状态，以利用其原有浓密的灌草丛护坡固土，涵养水分，降低水流对地表的冲刷侵蚀，保持项目区内良好的生态环境。因此对项目河流改道处，应种植乔木或灌木，防止刚修建好的河道水土流失。由于该项目区属于旅游一带，为了方便到此避暑的游客来观光时给他们一个休息的场所，应设计临时休憩场地。

2. 该项目生态保护措施有哪些？

（1）基本农田保护。

依据国家和省级土地管理法及条例、基本农田保护条例等有关规定，并结合工程实际，对工程占用地区耕地及基本农田的保护，重点是用新增耕地对占用地的补偿调整、补划。

（2）生态和人群健康。

①施工期土方开挖工程破坏地形、地貌，毁灭植被，侵占各种农副业用地，导致地表变化，改变土壤结构，使项目区的生态结构和功能发生变化，进而影响生态系统的稳定性。因此应加强施工人员的环境保护宣传教育工作，禁止施工人员破坏植被和随意猎捕野生动物，尽量减弱对生态系统的不利影响。

②施工人员的生活区应有卫生医疗条件保障，应制定完善的卫生监督管理措施系统，做好防疫工作。对施工人员加强卫生环保教育，定期检查身体与卫生设施。

③施工营地和施工场地可能干扰当地居民的正常生活和工作，对施工场地照明应加强管理，以免影响居民生活和休息。

（3）工程环保措施。

施工单位应按设计要求随时跟建设单位联系，及时掌握天气状况，事先了解降雨时间和特点，应设计必要的水土保持防护措施。地面开挖后尽可能减少地面坡度，除去易于侵蚀的土垄背。此外雨季施工要做好场地的排水工作，保护排水沟原畅通。

场地开挖和沟渠开挖要注意保存好表层土，实行分层开挖。表层土可用于恢复农田。

3. 该项目水环境影响有哪些？

本项目施工期对沿线地表水体的影响主要包括引水工程施工、施工营地生活污水、预制厂及拌和站生产废水排放以及建筑材料运输与堆放对水体的影响等。

（1）建筑材料运输与堆放对水体环境的影响。

路基的填筑以及各种筑路材料的运输等，均会引起扬尘，施工产生的粉尘影响是难以避免的。而这些尘埃会随风飘落到路侧的水体中，尤其是靠路较近的水体，将会对水体产生一定的影响。小流量水系环境容量较小，施工过程当中扬尘、粉尘造成的影响也不可忽视。此外，一些施工材料如油料、化学品物质等在其堆放处若保管不善，被雨水冲刷而进入水体也将产生水环境污染。

因此在施工中应根据不同材料的特点，有针对性的加强保护管理措施，尽量减少对水环境的影响。

（2）施工营地的生活污水影响分析。

拟建工程生活污水主要来源于各施工营地，由于各施工营地使用期长，施工人员相对集中稳定，产生的生活污水直接排入周边水体会对环境产生一定影响。

如果工程施工工地生活区的污染物直接排入容量较小、流速较缓、自我净化能力比较低的河流，会导致其水体质量在短期内降低。如遇雨季，雨量较大，污水必被冲刷而进入沿线次一级水系，并从地势高处向地势低处排泄，最终造成较低处的主体水系的水质污染。为减少生活污水对沿线河流水质的影响，应对河流附近的施工营地产生的生活污水进行处理后方可排放。由于施工营地产生的生活污水仅限于施工期，时间上相对而言是短暂的，对于本项目而言，山涧溪水等小流域河流众多，而污水排放比较分散，且水量不大，为避免对水体的污染，建议设置化粪池对污水进行集中处理后排放，沉淀后的污泥可定期清理用作农家肥。

4. 该项目施工期环境空气保护措施有哪些？

（1）为了避免施工扬尘对沿线造成影响，施工便道如距离沿线敏感区较近，应定期洒水进行降尘。

（2）本项目水泥稳定碎石拌和及混凝土拌和均采用站拌工艺，影响主要集中在装卸料、堆料及拌和过程中，因此要求，料场、拌和站应设置在居民点下风方 300m 以外，土方、水泥和石灰等散装物料运输、临时存放和装卸过程中，应采取防风遮挡措施或降尘措施，拌和设备应进行较好的密封，并加装二级除尘装置，对从业人员必须加强劳动保护。

（3）水泥稳定碎石拌和、集中作业场地，未铺装的施工便道在无雨日、大风条件下极易起尘，因此要求对施工场地定期洒水，缩短扬尘污染的时段和污染范围，最大限度地减少起尘量。同时对施工便道进行定期养护、清扫，保证其良好的路况。

（4）施工单位必须选用符合国家卫生防护标准的施工机械设备和运输工具，确保废气排放符合国家有关标准。

（5）施工过程中受环境空气污染的最为严重的是施工人员，施工单位应着重对施工人员采取防护和劳动保护措施，如缩短工作时间或佩戴防尘口罩等。

（6）施工营地餐饮应按地方环保部门规定，使用天然气、电力等清洁能源。

案例四　　　　　　　　　　新建森林休闲、旅游项目

××省××乡××山新建旅游风景区项目。××山景区位于江西省抚州市的××县，与福建省比邻，是镶嵌在武夷山西侧的一颗绿色明珠，居世界旅游胜地武夷山和国家风景名胜道教发源地龙虎山之间，距南方重要铁路枢纽鹰潭市 70km，距省会城市南昌 200km，距福建省会城市 380km，距昌北机场 220km，距武夷山 140km，境内 316 国道横跨东西，鹰厦铁路纵贯南北，泸瑞高速公路通车以后，乘汽车到上海只需要 6 小时。拟建的东营至香港高速公路将从××山脚下经过，资溪火车站也将建成二级站。与××山旅游景区相通的资溪至贵溪二级公路也已开工建设。项目区位条件优势明显。资溪的经济每年呈正值增长趋势，为开发建设××山风景区提供有力的经济基础。××山有着丰富的自然生态资源，具有生物多样性和动植物种类丰富等众多特点。为开发建设××山风景区生态旅游创造了有利资源条件。

本项目实施区属亚热带季风气候，四季分明，雨量充沛，年平均气温16.9℃，极端最高温度39.5℃，极端最低温度为－13.1℃，年平均降雨量1929.9mm，全年无霜期为270天。

沿线区域地形复杂多样，主要由寒武震旦纪时期的变质岩浆地壳在上升条件下经过侵蚀切割形成，项目区内无构造运动活动或发生断裂，地质构造基本上稳定。××山区有筑路料场，可提供石料，石质为花岗岩，沿途河溪天然沙砾等极其丰富，质地洁净等级好。筑路材料水泥，普通的当地可供，高标号的从省水泥厂购进。

××山旅游区包括两部分。第一部分四至及界址坐标为以××山为中心，面积30万亩。东南与福建的武夷山交界，西至月峰山沿山脊到东源桥头再上山脊至东坑村小组后与饶桥镇行政界为界，北至贵溪市。第二部分四至及界址坐标以莲花山为中心，面积1.8万亩。东南至武夷山山脉，西至朱岩（大觉岩沿途水沟第一急弯处山脊，北至××山林场与朱岩村山界）。

××山风景区按其景点分布的地理位置及景观特点，主要分为四个景区和一个生活与接待服务区：即××山生态观光大峡谷惊险漂流区，云月湖生态休闲度假区和大觉岩宗教文化朝见区。目前已建成和正在建设的景区景点有：30万亩森林生态旅游观光区，5.6km落差2000m的惊险峡谷漂流，1500年历史佛教文化开发和建造在1100m山体上头像108m高的大觉者，具有客家围屋风格的尚莲清凉山庄，占地135亩的狮子山三星级生态旅游度假村，通往大觉岩宗教文化朝觐区的沙苑—朱崖村7.1km公路等。

环境现状：××山风景区地处世界旅游胜地武夷山和国家风景名胜道教发源地龙虎山之间，气候温和、雨量充沛、空气湿润、夏季凉爽，具有中亚热带湿润季风气候区山地气候特征。环境保护标准执行情况如下：（1）环境空气质量执行《环境空气质量标准》（GB3095－2012）一级标准；（2）地表水环境质量执行《地表水环境质量标准》（GB3838－2007）一类水质标准；（3）大气污染物排放执行《大气污染物综合排放标准》（GB16297－1996）一级标准；（4）水污染物排放执行《污水综合排放标准》（GB8978－1996）一级标准。

1. 请比较生态旅游与传统旅游及工业建设项目环境影响评价的异同（见表1）。

表1　　　　　生态旅游与传统旅游及工业建设项目环境影响评价的异同

评价特点	生态旅游项目	传统旅游项目	工业建设项目
评价思路	既要评价旅游活动产生的局地影响，也要评价由此而产生的系统影响	以特定景观为评价目标，评价旅游活动和服务设施建设对景观观赏价值的影响	以项目所在地的环境本地为评价目标，评价项目建设和运行对周围环境本底产生的影响
评价方法	应用遥感或地面数据进行分析和预测	在旅游环境容量计算的基础上，对旅游活动产生的污染物排放进行计算，预测旅游活动产生的累积性影响	污染物排放量的计算

续表

评价特点	生态旅游项目	传统旅游项目	工业建设项目
评价范围	包括评价项目在内的完整生态单元	包括景点在内的独立区域	包括项目和项目所影响的环境敏感目标在内的项目周围区域
评价内容	规划环境影响评价、生态环境影响评价、景观影响评价、公众调查和公众参与	生态环境影响评价、美学影响评价、文化影响评价、旅游环境容量计算、公众调查和公众参与	水、气、声、固废环境影响评价、污染物达标排放计算、公众调查和公众参与
影响预测	具有很大的不确定性，需要应用已经得到的定性研究结论	具有一定的不确定性和模糊性	可以进行排污量的定量计算，预测结果具有一定的可靠性

2. 生态旅游类项目环境影响评价的技术要点有哪些？

（1）规划环境影响评价。

生态旅游项目的规划环境影响评价需要从宏观政策和规划区内部布局关联性两个角度对项目将产生的各种环境影响进行比较分析，得出项目提出是否与国家或地区发展计划目标相一致的结论。同时还要对各种规划的替代方案进行详细的环境影响对比分析，以期得到比较合理的与环境目标相一致的项目开发方案。规划环境影响评价要从项目的外部政策和内部布局来论证项目开发是否合理。

（2）生态环境影响评价。

生态环境影响评价是此类项目的评价重点，只有在对生态环境现状进行详细调查和分析的基础上，才能进行合理预测，因此生态环境现状评价比影响评价更重要。生态环境现状评价从生态环境构成要素和生态系统两个层次进行评价，生态环境构成要素包括地形、地貌、土壤、植被、动物、生物多样性等，生态系统包括生态系统的结构构成（群落类型）和生态系统特征，如生态系统稳定性、脆弱性等。在现状评价基础上，结合项目自身特点，对项目将对生态环境要素和生态系统特性产生的影响进行预测评价。

（3）景观环境影响评价。

景观影响评价主要从空间结构上分析项目实施前后景观空间结构、景观稳定性（包括景观恢复能力、内在异质性、景观组织开放性、物种流动性等）的变化。

3. 生态环境现状评价的内容有哪些？

根据评价项目建设特点以及区域生态环境特征，重点选择森林植被、动物、生物多样性和土壤性状为主要生态因子，对其现状进行详细的实地调查分析。然后对评价区进行植被生物量（反映生态环境稳定性）、土壤肥力状况（反映生态环境基本特征）和水土流失量（反映生态脆弱性）分别评价和进行不同等级区分，最后对生态环境现状进行综合评价。根据评价区内植被调查数据以及该区域植被生物量大小顺序，可以将评价区的森林植被按生物量进行划分；综合考虑土壤实地调查研究结果以及有机质室内分析结果，可以将评价区的土壤按肥力进行划分。对评价区域地形图进行扫描数字化，结合现场的 GPS 测量数据，选择该区域内典型地段，进行水土流失量计算，最后将 3 个因子的评价图进行叠加，并综合分析评价区的生态环境状况。

4. 景观环境影响评价的内容有哪些？

景观影响评价主要从空间结构上分析项目实施前后景观空间结构、景观稳定性（包括景观恢复能力、内在异质性、景观组织开放性、物种流动性等）的变化。森林生态旅游区的开发直接导致了景观的人为干扰程度增强，景观内部的异质性增大，景观内部物种流动性受到一定程度的阻挡，而景观的组织开放性提高。因此景观环境影响评价主要考虑人类干扰活动增加对景观空间格局和景观稳定性产生的影响。

交通运输类项目案例

案例一   **新建高速公路项目**

某新建高速公路工程于 2013 年取得环评批复，2014 年 5 月开工建设，2016 年 10 月建成通车试运营。路线全长 200km，双向四车道，设计行车速度 100km/h，路基宽 25m，设互通立交 6 处，特大桥 1 座，大、中、小桥若干；服务区 5 处，收费站 6 处，养护工区 3 处。试运营期日平均交通量约为工程可行性研究报告预测交通量的 70%。

项目所在地区为丘陵山区，森林覆盖率约 40%，沿线分布有旱地、人工林、灌木林、草地和其他用地。公路沿线两侧 200m 范围内有 12 个居民点和 1 所小学（S 小学）。12 个居民点现有房屋结构均为平房，沿公路分布在公路两侧 150km 长度的范围内，房屋距公路 10 ~ 20m 不等；S 小学位于公路一侧，有两排 4 栋与高速公路平行的平房教室，临高速公路第一排教室与高速公路之间无阻挡物，距高速公路 30.0m，受现有高速公路交通噪声影响。环境保护行政主管部门批复的环评文件表明：路线在 X 自然保护区（保护对象为某种国家重点保护鸟类及其栖息地），实验区内路段长限制在 5km 范围之内；实验区内全程路段应采取隔声和阻光措施；沿线有声环境敏感点 13 处（居民点 12 处和 S 学校）。S 学校为平房建筑，与路肩水平距离 30m，受现有高速公路交通噪声影响，应在路肩设置长度不少于 180m 的声屏障；养护工区、收费站、服务区污水均应处理达到《污水综合排放标准》（GB8978 - 1996）二级标准。

1. 该项目环境影响评价的评价目的是什么？

公路建设是一项对社会经济影响较远的开发性活动，但其施工建设和通车运行都会对自然环境和社会环境产生一定的影响，必须妥善处理项目建设和环境保护之间的关系。因此环境影响评价的目的一般为：

（1）定性或定量地对沿线地区经济、社会、自然环境的现状和受建设项目影响的范围和程度进行分析、预测和评价，从环境保护的角度对路线方案进行评价。

（2）为了减轻项目建设对环境的影响，对工程建设和运行过程中采取的环境保护措施能否满足环保要求进行评述并提出改进的意见和建议。

（3）从环境保护的角度，为项目的环境管理和沿线经济发展规划提供辅助信息和科学依据，促进沿线地区经济与环境可持续发展。

2. 该项目的评价内容与评价重点有哪些?

（1）根据项目工程分析和评价因子的筛选，结合项目的工程实施情况，环境影响评价工作的主要内容如下：

①噪声环境影响评价（以等效连续 A 声级为指标）。

②环境空气影响评价（以 NO_2、CO 和扬尘为评价指标）。

③社会环境影响评价。

④生态环境影响评价。

⑤水环境影响评价（主要评价养护区、收费站、服务区污水达标排放的可靠性）。

⑥环境保护措施的可行性和可靠性论证（尤其是自然保护区和声环境敏感点）。

⑦环境经济损益分析。

⑧环境保护管理和监测计划。

⑨公众参与。

（2）评价要点如下：

①施工期产生的噪声、空气、水、生态环境影响。

②运营期产生的噪声，环境空气、社会环境影响评价及对已采取或拟采取的环境保护措施的论证。

3. 环境影响评价因子如何筛选?

环境影响评价因子筛选可采用列表清单法、矩阵法和网络法等，具体见表1。

表1　　　　　　　　　　　　　环境影响评价因子筛选

环境要素	影响因子	施工期	运营期
社会环境	交通运输条件、社会经济发展	○	★
	土地占用与利用开发	☆	☆
	居民生活质量（拆迁安置、交通便利性）	★	○
生态环境	局地地貌	☆	○
	农作物和植被	★	☆
	水土流失	★	○
水环境	地面水环境质量	○	○
	水系水文	☆	☆
声环境	交通噪声和机械噪声	☆	★
空气环境	扬尘和沥青油烟	★	☆
	汽车尾气中的有害物	○	☆

注：★显著影响　☆一般影响　○轻微影响

由表1可知，施工期影响较大的环境要素为居民生活质量、农作物及植被、水土流失、扬尘、沥青油烟等；运营期影响较大的环境要素为交通噪声、交通运输条件和社会经济发展。其中，对后两项的影响为有利影响。

4. 该项目的环境保护目标有哪些？

根据素材可知，该项目的环境保护目标为拟建公路路肩两侧200m以内的12个居民点、S小学以及路线穿过的×自然保护区。

5. 如何进行施工期污染源分析？

施工期的主要污染来源于拌和站的噪声、扬尘和施工营地的废水、废气以及施工机械的流动噪声。

（1）噪声。

公路施工期间，作业机械类型较多，主要有路基填筑时的挖掘机、推土机、装载机、压路机、平地机等，路面施工时的灰土拌和机、沥青混凝土拌合楼、基层混合料拌合楼、平地机、沥青混凝土摊铺机等，桥梁施工时的冲击钻孔机、卷扬机、推土机、压路机等。这些机械运行时在距声源15m处的噪声值一般在75~105dB（A）之间，这些突发性非稳态噪声源将对周围环境产生一定影响。施工期的主要作业机械类型见表2。

表2　　　　　　　　　　施工期作业机械类型

施工阶段	主要作业机械类型
路基填筑	推土机、压路机、装载机、平地机等
桥梁施工	卷扬机、推土机、压路机
路面施工	护运机、干地机、压路机、沥青混凝土摊铺机等

（2）废气。

空气污染主要为扬尘污染和沥青油烟污染。

扬尘污染主要来源于拌合过程，拌合主要包括灰土拌合、沥青混凝土拌合、基层混合料拌合等，在固定的拌和站内进行。另外，路基施工中挖土、填方、推土、挖运土方和水泥、石灰或粉煤灰、砂石、土等的装卸、运输、过程中也有大量尘埃散逸到周围环境中；道路施工时运送物料的汽车引起道路扬尘污染；物料堆放期间由于风吹等引起扬尘污染；施工营地的取暖炉排放也对大气环境造成一定的污染。在风速较大、装卸或汽车行驶速度较快的情况下，粉尘的污染更为严重。

沥青油烟污染主要来源于沥青混凝土路面摊铺过程，沥青油烟中含有烃类及苯并[a]芘等有毒有害物质。沥青混凝土的拌和一般为全封闭过程，基本无沥青油烟污染。

此外，运送施工材料、设施的车辆和推土机、挖掘机等施工机械的运行也会排放污染物，造成空气污染。

（3）废水。

施工期产生的废水主要为施工机械跑、冒、滴、漏的污染及露天机械被雨水等冲刷后产生的含油废水；施工营地的生活污水及生活垃圾渗出液；堆放的建筑材料被雨水冲刷后产生的废水。

（4）生态环境。

施工期间的填挖土方使沿线的植被遭到破坏，农田被侵占，地表裸露，从而使沿线地区的局部生态结构发生一定的变化，工程在取土和填土后裸露的表面被雨水冲刷后将造成水土流失，进而降低土壤肥力，影响陆生生态系统的稳定性。工程占地减少了当地的耕地绝对量，影响农业生产。对野生动植物、动物栖息地及其他自然植被也存在着不利影响。

（5）施工对社会环境的影响。

线位布设引起居民拆迁带来的搬迁损失及劳动力的重新安置等问题。公路建设影响居民的正常生产和生活。线位布设对沿线城镇规划产生一定影响，但公路施工为沿线居民提供了更多的就业机会。

6. 运营期污染源分析的内容有哪些？

公路上车辆通行是运营期环境影响的主要因素。此外，收费站、养护工区、服务区的废水和锅炉烟气也会对周围环境产生一定影响。

（1）噪声。

在公路上行驶的机动车噪声为非稳态噪声源。运营后的主要噪声源为车辆排气、进气噪声和轮胎与地面摩擦产生的噪声。另外，车辆的发动机、冷却系统、传动系统等部件均会产生噪声。

（2）废气。

废气污染物主要为排气管排放的汽车尾气和由于汽车曲轴箱漏气、燃油系统挥发产生的废气，大部分碳氢化合物和几乎全部的氮氧化物和一氧化碳都来源于汽车尾气。另外，公路上行驶汽车的轮胎接触路面而使路面积尘扬起，从而产生二次扬尘污染；在运送散装含尘物料时，由于洒落、风吹等原因，使物料产生扬尘污染。

（3）废水。

废水主要为降雨冲刷路面产生的路面径流。另外，装载有毒、有害物质的车辆因交通事故泄露或滴漏，洒落后路面清洗也会产生废水。

（4）对生态环境的影响。

运营期对生态环境的影响主要是植被恢复不好，将造成水土流失；公路阻隔影响动物的生长、栖息。

（5）对社会环境的影响。

运营期对社会环境的不利影响为危险品运输风险和公路营运后对沿线土地利用规划的影响，但营运期对社会环境影响的有利方面如改善交通状况、有利于地区经济发展及旅游、矿产资源开发等是主要的。

案例二 新建轨道交通项目

××市为改善人们的出行条件，极大缓解城市交通压力；降低核心区人口密度，促进副城和近郊发展，大力发展轨道交通业。

工程总占用土地128.71hm²，工程永久占地76.22hm²，其中车辆段与综合基地永久用地63.16hm²，线路、控制中心等占地13.06hm²。施工场地及施工用地等临时用地52.49hm²。线路全长31.7km，其中地下线27.1km，地面线2.3km，高架线2.3km。全线共设置车站24座，另预留两座车站的设站条件。除跨海段为高架车站外，其余均为地下车站。设置停车场1处，设置综合维修基地1处。

工程位于城市繁华区域，经过长期的开发活动，沿线已无大型野生动物，现有野生动物主要以生活于树、灌丛的小型动物为主。境内天然森林植被屡遭破坏，原生的地带性植被已罕见存在，常绿阔叶林、常绿针叶林、针阔混交林是典型的植被类型。

沿线敏感点环境噪声现状值昼间为48.6~66.4dB(A)、夜间为43.2~58.0dB(A)。对照相应标准，昼间敏感点全部达标；夜间有18处敏感点超标1.1~5.5dB(A)，超标率为40%。造成沿线噪声现状监测点超标的主要原因是道路交通噪声影响突出。

本工程沿线穿越滨海海积区、冲洪积阶地区、残积台地区、圆缓低丘等地貌单元，地形起伏相对较小。所在区域由山前向海湾方向倾斜，地下水根据含水层岩性不同，可将区域内含水岩组分为第四系松散岩类孔隙含水岩组、风化残积孔隙裂隙含水岩组及基岩构造裂隙含水岩组三个类型。工程沿线无国家或地方政府划定的地下水饮用水源保护区及特殊地下水资源保护区，地下水环境不敏感。

该项目在环境影响评价过程中进行了公众意见调查，调查范围为工程的评价范围，建设单位和评价单位携带工程平面图，在现场介绍本工程与居民的位置关系，并采取发放公众参与意见调查表的形式，对工程沿线附近地区居民进行调查，调查对象为沿线可能受本工程污染源直接影响的个人公众。调查结果以电视和张贴公告等形式进行了公示。

1. 该项目污染源分析内容有哪些?
（1）噪声源。
①施工期噪声源。

项目施工期噪声源主要为动力式施工机械产生的噪声，施工场地挖掘、装载、运输等机械设备同时作业时，施工场地边界处昼间噪声等效声级为69.0~73.0dB(A)，施工机械噪声值见表1。

表1　　　　　　　　　　　施工机械及车辆噪声源强

施工阶段	序号	施工设备	测点距施工设备距离（m）	L_{max}〔dB(A)〕
土方阶段	1	轮胎式液压挖掘机	5	84
	2	推土机	5	84
	3	轮胎式装载机	5	90

施工阶段	序号	施工设备	测点距施工设备距离（m）	L_{max}〔dB（A）〕
基础阶段	4	各类钻井机	5	87
	5	卡车	5	92
	6	平地机	5	90
	7	空压机	5	92
	8	风锤	5	98
	9	振捣机	5	84
结构阶段	10	混凝土泵	5	85
	11	气动扳手	5	95
	12	移动式吊车	5	96
	13	各类压路机	5	76～86
	14	摊铺机	5	87
各阶段	15	发电机	5	98

②运营期噪声源。

依据本工程组成内容，结合既有轨道交通噪声源研究和调查成果，工程运营期噪声源主要由地下区段噪声源构成。

地下区段运营期噪声源主要为由风井传播至地面的列车运行噪声、风机噪声及风管气流噪声，这部分噪声源强和风机设备型号、功率、消声措施等因素有关。

（2）振动源。

①施工期振动源。

项目施工期振动源主要为动力式施工机械产生的振动，各类施工机械振动源强见表2。

表2 施工机械振动源强参考振级

施工阶段	序号	施工设备	测点距施工设备距离（m）	L_{max}〔dB（A）〕
土方阶段	1	轮胎式液压挖掘机	5	84
	2	推土机	5	84
	3	轮胎式装载机	5	90
基础阶段	4	各类钻井机	5	87
	5	卡车	5	92
	6	各类打桩机	10	93～112
	7	平地机	5	90
	8	空压机	5	92

施工阶段	序号	施工设备	测点距施工设备距离（m）	L_{max}［dB（A）］
基础阶段	9	风锤	5	98
	10	振捣机	5	84
结构阶段	11	混凝土泵	5	85
	12	气动扳手	5	95
	13	移动式吊车	5	96
	14	各类压路机	5	76～86
	15	摊铺机	5	87
各阶段	16	发电机	5	98

②运营期振动源。

地铁列车在轨道上运行时，由于轮轨间相互作用产生撞击振动、滑动振动和滚动振动，经轨枕、道床传递至隧道衬砌，再传递至地面，从而引起地面建筑物的振动，对周围环境产生影响。

根据《城市轨道交通振动和噪声控制简明手册》，当线路条件为：行车速度60km/h，弹性分开式扣件，普通整体道床，60kg/m无缝钢轨时，轨道交通B型列车在轨道通过时产生的振动源强VLZ_{max}值采用87.2dB（A）。

（3）大气污染源。

结合工程特点，地铁列车采用电力牵引，无燃料废气排放，大气污染源主要是排风亭排放的异味气体，故本项目环境空气影响评价内容主要为地铁排风亭排放气体对附近居民生活环境的影响。

根据国内既有运营的地铁车站排风亭异味调查，霉味是地下车站风亭排气异味中的主要成分之一。

此外，轨道交通建设可以替代大量的汽车客运量，从而可相应地减少汽车尾气污染物排放量，有利于改善地面空气环境质量。

（4）地表水污染源。

①施工期水污染源。

项目施工期对周边水环境的影响主要来源于施工过程中产生的污废水。包括施工人员的生活污水、施工场地机械车辆冲洗水、盾构施工泥浆水、施工注浆污水及隧道施工降排水等。

施工人员的生活污水虽然产生量不大，但影响周期较长。根据以往工程施工经验，施工人员的产生的生活污水中COD含量较高。项目施工期粪便污水应经化粪池处理后排入市政污水管网。

施工场地冲洗水属于施工作业产生废水范畴，具有排放量较小、影响周期较长的特点，施工场地冲洗水中SS含量相对较高。项目施工场地冲洗水应经临时沉淀池处理后，回用于场地冲洗或绿化。

本项目采用盾构法施工区段，盾构施工产生的泥浆水经泥水分离系统处理后可全部回用。盾构污泥经干化处理后与工程弃渣一并交由市渣土管理部门统一处置。

施工注浆对水环境的影响主要为注浆液的影响。根据目前在建地铁施工经验，地铁施工采用的注浆材料多为单液水泥浆，注浆材料毒副作用小，对水环境影响较小。

沿线地下车站采用明挖，施工过程中将不可避免的需要抽排地下水，根据经验分析，每个施工点日产水量可达 $400 \sim 600 \mathrm{m}^3/\mathrm{d}$。施工排水可能含有一定量的 SS，如果未经沉淀处理直接排放，可能对周边水环境产生影响。

②运营期水污染源。

项目运营期污水主要来自沿线车站，性质为生活污水。

工程全线共设 5 座车站，所排污水均主要为站内工作人员的生活污水。车站污水性质较单一，主要污染因子为 COD、BOD_5、动植物油、氨氮等。按照相关工程类比分析，车站生活污水经化粪池处理后平均水质为 pH 值在 $7.5 \sim 8.0$，COD 在 $150 \sim 200 \mathrm{mg/L}$，$BOD_5$ 在 $50 \sim 90 \mathrm{mg/L}$，动植物油含量在 $5 \sim 10 \mathrm{mg/L}$，氨氮含量在 $10 \sim 25 \mathrm{mg/L}$。沿线车站新增污水车站生活污水经处理后满足《污水综合排放标准》（GB8978 – 2012）中三级标准的要求后可经城市污水管道进入污水处理厂集中处理。

（5）地下水污染源。

沿线地下车站和区间隧道施工过程中，施工污水所含的污染物质可能会伴随施工作业进入地下水系统，造成区域内局部地下水水质发生暂时性变化。如施工污水直接排放渗入地下，将影响地下水水质。此外，车站明挖施工及部分隧道区间施工中要进行施工降水，抽取出来的地下水如果处置不当将可能携带地表污染物重新进入地下水系统，影响地下水水质。

地铁隧道和车站本身的防水性能都较好，因此在地铁运营阶段外部的污染源不会通过地铁隧道和车站进入地下水中。

项目建成投入运营后，沿线车站产生的污水经处理后，排入市政污水管网。在污水产生及运输工程中，因跑、冒、滴、漏等环节而渗入地下的污水量较小，且车站的厕所、化粪池等设施均采取防渗漏措施，不会对区域内地下水质量产生明显影响。

（6）电磁污染源。

项目除跨海段为地上站外，其余全部为地下线路，不会因列车运行产生的电磁辐射对周围居民收看电视产生干扰影响；而且本项目不设主变电所，不会因主变电所产生的工频电、磁场对周围环境产生电磁影响。

（7）固体废物。

地铁运营后产生的固体废物主要有车站候车旅客及工作人员产生的生活垃圾，主要成分为饮料瓶罐、纸巾、水果皮及灰土等。从对既有地铁车站固体废物处置调查来看，各站垃圾由环卫工人收集后，统一交由城市垃圾处理场处置，对环境影响很小。

2. 该项目声环境影响评价的主要内容有哪些？

（1）主要环境影响预测评价。

①地下车站风亭区。

对空调期和非空调期各敏感点处环控设备噪声在叠加了背景噪声之后，分别进行昼间和夜间噪声增加值的预测，并对预测值进行达标分析，对产生的实际影响进行分析。

②高架和敞开段。

工程敞口段、地面段、高架段工程实施后，受轨道交通列车运行噪声的影响，环境噪声有不同程度的增加，应对昼间和夜间环境噪声初、近、远期分别进行预测。

（2）主要环境影响及拟采取的环保措施。

①建设和设计部门应选择声学性能优良的设备和车辆类型，并在工程建设中认真落实各项噪声污染防治措施和要求。

②规划部门可参照噪声达标防护距离，加强沿线的合理规划及建筑。

③运营单位应加强轨道交通的运营管理，定期对车轮及轨道进行打磨，以保持其光滑度；严格控制车辆段到、发列车的鸣笛和作业时间。

④对风亭区噪声超标的各类风亭加长消声器或采用超低噪声冷却塔，并对冷却塔排风口设置导向消声器；对高架、敞开和车辆基地出入线超标敏感点路段设置声屏障和通风隔声窗。

3. 该项目应采取哪些措施降低振动产生的影响？

（1）在车辆选型中，除考虑车辆的动力和机械性能外，还应重点考虑其振动防护措施及振动指标，优先选择噪声、振动值低、结构优良的车辆。

（2）采用无缝钢轨线路，对预防振动污染具有积极的作用。

（3）运营单位要加强轮轨的维护、保养，定期旋轮和打磨钢轨，对小半径曲线段涂油防护，以保证其良好的运行状态，减少附加振动。

（4）在振动敏感点设置轨道减振器扣件，橡胶簧浮置板道/床等。

（5）地铁运营期间应对文保单位制定完善的监测方案，及时反馈监测信息，如发现问题，应及时采取措施确保文物的安全。

（6）为预防地铁振动的影响，根据《地铁设计规范》（GB50157－2013）的规定设置相应的振动防护距离。

4. 该项目的主要生态环境影响评价有哪些主要内容？

由于项目的实施范围主要在城市的建成区，影响对象主要为城市生态系统，因此，生态环境影响评价的主要内容应放在生态敏感目标和应采取的保护措施上。对于具体项目，应考虑地铁线路附近是否有风景名胜区、文物保护单位，是否有需要特殊保护的建筑、古树名木等。同时还要考虑本工程建设是否符合城市总体规划、综合交通规划、生态建设和环境保护规划、城市绿地建设规划、轨道交通线网规划、城市土地利用规划以及历史文化遗产保护规划的要求，与城市总体规划和其他各规划的协调性等。

5. 该项目公众参与调查和评价的目的是什么？

公众参与是环境影响评价的重要组成部分，可使建设项目的环境影响评价更加民主化、公众化。根据《中华人民共和国环境影响评价法》第二十一条规定，评价单位在项目所在地向公众介绍本工程总体概况，让项目可能涉及的公众、团体、非政府组织了解项目的建设背景，让他们了解项目实施可能对他们产生的影响程度、可能采取的缓解措施及剩余影响的程度；初步收集他们的意见和反映，了解将受本工程影响的群体和非政府组织对本工程建设项目的认识、看法和各种意见，听取其建议；并在环境影响报告书中对公众意见进行分析评价，同时向有关部门反映，采取相应的措施，改善各种对环境可能有影响的决策，以缓解工程建设对社会环境造成的不利影响。

6. 该项目环境影响评价可以给出的建议有哪些？

（1）施工准备阶段，建设和施工单位应与地方各级政府密切配合，做好拆迁安置工作。同时还应加强拆迁安置政策的宣传，解决公众在拆迁过程中对"住房"的后顾之忧，为工程的建设创造宽松的外部环境。

（2）在施工前，做好各种准备工作，对所涉及的道路和各种地下管线，如供电、通信、给排水管线等进行详细调查，并提前协同有关部门确定拆迁、改移方案，做好各项应急准备工作，确保施工时切断各种管线时，不致影响项目区域水、电、气、通信等设施的正常供应和运行，保证社会生活的正常状态。

（3）委托有资质的单位，加强工程区域的地表沉降观测，确保工程施工对周边地表建筑物的安全。对道路路面的破坏及时维修恢复。

（4）施工过程中，施工单位应坚持高标准、高质量、文明作业，及时做好防护工程，并加强施工期的环境管理工作，自觉接受地方环保、水土保持部门和建设单位委托的监控单位的监督。

（5）建设单位应做好与周边公众的沟通和协调工作，做好施工期环境保护工作，争取居民的支持和理解，避免产生不必要的矛盾和纠纷。

（6）对工程线站位进入文物保护单位建设控制地带时，应根据有关规定，报请相应级别的文物部门和城乡规划部门同意方可实施。同时在工程实施过程中应充分考虑建筑的要求，加强建筑自身保护措施，做好工程措施和施工防护，建立振动监测机制，加强长期跟踪监测，以确保不会对建筑产生不良影响。

（7）在施工过程中，如发现文物、遗迹，应立即停止施工并采取保护措施，如封锁现场、报告相关文物管理部门，由其组织采取合理措施对文物、遗迹进行挖掘，之后工程方可继续施工。

（8）本工程的风亭、车站出入口设置时，应从保护传统景观、尊重地方特色等理念出发，注重生态建设和现代风貌的和谐统一。在满足工程进出、通风需求的前提下，应力求其与周边城市功能相融合、与周边建筑风格、景观相协调。可设计低矮型风亭，在风亭周边密植灌、草等复层植被，利用植被的调和作用，将建筑的硬质空间围合成柔性空间，使风亭、车站出入口的建筑空间与周边环境融为一体，并增加景观的生态功能，创造人与自然和谐相处的生态环境。

（9）在工程设计阶段应做好对永久占地和临时占地的合理规划，尽量少占绿地，尽可能减少由于轨道工程建设对沿线城市绿地系统的影响。对工程占用的绿地，建设单位应在认真履行各项报批手续的基础上，严格按批准的用地范围进行施工组织，对占用的绿地进行必要的恢复补偿，尽快恢复其生态功能。

（10）工程在建设过程中应注意加强绿化和生态建设，注重对沿线生态环境的保护。工程施工期间应尽量保护征地及沿线范围内的植被，尽量减少对临时用地、作业区周围的林木、草地、灌丛等植被的损坏；运营期车辆段与综合基地等场地全面实行绿化，绿化树种满足与周边景观相协调，改善生态平衡、美化、优化沿线环境的要求。

（11）应优化施工工艺和施工组织设计、严格控制施工场界及加强施工监理，将工程建设对周边的影响降至最低；此外，还应严格控制车站施工期污水和弃渣的排放去向，严禁乱排乱弃。

（12）施工单位应结合当地气候特征，根据区内降雨特点，制订土石方工程施工组织计划，避开雨季进行大规模土石方工程施工；进行土石方工程施工时，应采取必要的水土保持措施，同步进行路面的排水工程，预防雨季路面形成的径流直接冲刷造成开挖立面坍塌或底部积水。施工弃渣应及时清运，填筑的路基面及时压实，并做好防护措施；雨季施工做好施工场地的排水，保持排水系统通畅。

案例三　　　　　　　　　　　　改扩建公路项目

××县四级公路改扩建项目。××县计划对幸铁公路（某某乡幸福村至某某乡政府驻地）幸福村（KO＋000m）至朵腊河底（K7＋260m），7.26km 的路段进行改扩建，通过对局部纵坡过陡，回头弯半径较小，路基宽度达不到标准的路段进行改线降坡，增大回头弯半径，提高平纵线形标准，配备、增设必要的涵洞、挡墙，改造后使其达到部颁山岭重丘区四级公路的标准。

幸铁公路位于××州××县境内，是县管一般经济干线公路，该路起于幸福村，止于××乡政府驻地，全长 40.5km。该路 1965 年修通幸福村至朵腊河底段，全长 7.26km，1973 年修通至××乡，全长 48km。该公路修建按林区公路建设，按现行公路工程技术标准属于等外公路。多年来，经公路养护部门精心管养，局部改善，局部拓宽，使行车条件有了一定改善，但建设初期由于历史条件的限制，投入不足，公路标准低，涵洞、排水及防护工程较为薄弱，经过 40 年的营运，老公路负担日益加重，特别是经历过三次地震后，该公路上塌下陷严重，地质疏松，晴通雨阻较为严重，制约了沿线经济的发展。据调查，全路段混合交通量已达 319 辆/日，该公路目前的状况极不适应改革开放和日益增长的交通量的需要。

工程概况：××县位于云南省西北部，东临永仁、元谋两县，南与姚安、牟定毗邻。西与××州的××县、宾川县接壤，北临金沙江与永胜、华坪隔江相望。距省会昆明 312km，距楚雄彝族自治州州府 120km，北距四川省攀枝花市 165km。县境东西最大横距 70.3km，南北最大纵距 93.5km。总面积 4146km²。境内居住着汉、彝、回、傣、僳僳、苗、白、壮、土、纳西、藏等 22 个民族。境内自然环境优美，沟壑纵横，山清水秀，气候宜人，属亚热带季风气候。由于山高谷深，气候垂直变化明显。从而形成了丰富的矿产资源和动植物资源。主要矿藏资源有铜、盐、石英砂、高岭土等，野生动物近410种。公路扩建完成后预计沿线直接受益人数达5万人。

沿线主要属于山岭重丘河谷地形和山腰地形，该线路××乡幸福村至朵腊河底段，高差较为平缓，朵腊河底为该公路最低点。幸福村至朵腊河底段地面横坡较陡峻，地形较差，沿线有部分村庄、田地、施工时影响相对较大。经地震后，公路上塌、下陷较严重，土质较为疏松，路线设计时尽量采用多挖少填，增加路基稳定性。沿线属金沙江流域干热河谷气候类型区，年平均气温15.9度，最热时段5至9月平均气温21度，最冷时段12月至1月平均气温8.1度，年平均降雨量为700～800mm，6月至9月为雨季，年均降雨日110天，年均无霜期237天。沿线河流为渔泡河，经地震灾害后，雨季水毁对公路影响较大。

按部颁山岭重丘区四级公路标准，对幸铁公路幸福村—朵腊河底段进行改扩建，改建起点某某乡幸福村（KO+000m处）至朵腊河底（K7+260m处）推荐路线全长7.26km。主要工程量为：路基土石方87000m³。其中土方：60900m³，石方：26100m³。平均每公里11983.47m³；防护工程1400m³；涵洞15道120m；路面工程41000m²；平面交叉3处。

工程施工期在K4附近设置1处沥青拌合站，站内设拌合楼、沥青储罐、料场、辅助生产建筑物等。采用间歇式热拌工艺，矿粉、烘干的碎石和砂与经柴油导热油炉加热的沥青在拌合楼内搅拌后出料。

公路K4～K6路段向南单侧扩建。居民点M2位于该路段北侧，距离公路红线55m，执行2类声环境质量标准［昼间60dB（A），夜间50dB（A）］。原路堤边设有一道声屏障，现状监测降噪效果4dB（A）。在不考虑插入损失情况下，工程运行中期M2的昼、夜间噪声预测值分别为63dB（A）、57dB（A）。工程可研针对居民点M2声环境质量中期达标要求，拟保留现有声屏障，增设一道降噪效果相同的声屏障。

拟在居民点M1临路建筑物前1m（距地面1.2m）设噪声监测点，昼夜各测1次（2天），每次20min。在回收的500份公众问卷中有5%的公众建议，K6～K6+600路段架桥替代高路基。

1. 沥青拌合过程中产生的大气影响因子有哪些？

（1）燃油供热产生的废气：烟尘、二氧化硫和氮氧化物。

（2）沥青加热产生的沥青油烟中含有的污染物：可挥发性有机物、苯并芘、可挥发性酚类等。

2. 给出本项目野生动物现状调查应包括的主要内容。

（1）野生动物种类、数量、分布、食源、水源、迁徙路线、越冬时间、活动范围、对施工噪声及夜间灯光的敏感性等生活习性和生态学特性。

（2）野生动物的保护级别、保护要求、保护措施、保护现状。

（3）野生动物栖息地生境及其作为食物的物种组成及生态系统状况。

3. 给出确定大桥事故池容积应考虑的因素。

（1）事故发生时正在下雨，事故池的容积为化学品运输车辆事故最大泄漏量及桥面受污染雨水径流容积（即初期雨水径流量，为初期雨水径流厚度与桥面面积乘积）。

（2）事故发生时没有下雨，事故池的容积为化学品运输车辆事故最大泄漏量及处理事故现场冲洗水容积（为事故冲洗面积与冲洗水量乘积）＋超高。

4. 本项目生态环境现状调查的重点是什么？

（1）评价区的生态环境现状：沿线生态系统的结构、类型、功能，包括水土流失防治、涵养水源等生态功能规划。植被覆盖率、生物量、生产力、生物物种多样性调查，有无珍稀、濒危受保护的植物物种。沿线的气候特征、土壤状况、地形地貌、地质状况和水文地质等。

（2）评价区的生态环境敏感目标：河流水生生态结构类型和保护状况，有无珍稀濒危物种及经济鱼类，有无鱼类"三场"；野生动物的种类、数量，有无珍稀濒危、保护物种，如果有，保护等级及现状，包括食源地、栖息地、繁殖场所、迁徙路线等是否受工程影响，影响程度、影响范围及未来的发展趋势等。

（3）评价区现存的环境问题，包括水土流失、坍塌、滑坡等现象发生的区域和范围；指出相关问题的类型、成因和发展趋势。

采掘类项目案例

案例一　　　　　　　　　　**石灰石矿露天开采项目**

某有限公司为了满足新建 4600t/d 新型干法水泥熟料生产线水泥厂水泥生产用石灰石碎石的需要，申请新建配套的石灰石矿山，开采石灰石。水泥厂与矿山开采区相距 50m。新建石灰石矿山位于某城区 115°方位，直距 17km 处。矿区面积 0.435km²，开采标高为 +250m ~ +425m，矿山占用石灰岩矿石资源储量（332 +333）约 6344 万吨，可采储量为 5871.2 万吨。矿山设计年生产石灰石碎石 200 万吨，矿山服务年限约为 28.5 年。该矿山采用露天、台阶式分层开采。矿山开采工艺为打眼放炮，挖掘机装载，矿石用自卸车运输至某有限公司新型干法水泥熟料生产线水泥厂厂区。

矿山使用的空压机为风冷式机组，矿山不设单独的工作和生活区域；矿山产生的粉尘采取切实可行的粉尘治理措施后，每年产生的粉尘量约为 76.42t。项目位于一般农村地区，属生态非敏感区域，且无珍稀动植物，无国家和地方各级人民政府批准设立的"自然保护区、森林公园、风景名胜区、文物古迹、地质遗址"等特殊的环境保护目标；区内人群居住以散居为主，无集中式居民点，敏感程度较低。对矿区以外的土地和植被资源破坏较小，造成的水土流失较小。矿山开采边界线以外圈定了 300m 的矿山安全警戒线，警戒线以内的环境敏感点在矿山建设期将全部搬迁。

拟建矿山是某有限责任公司新建 4600t/d 新型干法水泥熟料生产线水泥厂配套的石灰石生产矿山，属一个公司管辖，并且水泥厂与矿山开采区相距仅 50m。因此，该矿山不单独布置工业广场，办公、生活等依托水泥厂工业场地生产和生活设施设备。职工用餐也安排在公司总部，矿山所在地只设卫厕、饮水方面的生活用水。矿山劳动定员 328 人，年工作日 330 天，每天两班工作制，工程总投资 5000 万元，其中环保工程投资 30 万元。

目前，该石灰石矿山已完成了资源开发利用方案、地质灾害评估报告和水土保持方案等工作。根据《中华人民共和国环境保护法》《中华人民共和国环境影响评价法》《建设项目环境保护管理条例》及国家法律法规的相关要求，某环境影响评价有限公司承担该项目环境影响评价工作。

1. 该项目环评的主要内容和重点。

根据工程建设技术特征和环境影响识别的结果，评价的主要内容为：矿山开采对区域生态环境的影响，尤其是对植被、景观、岩体稳定性、水土保持等生态环境的有利影响和不利影响；对不利的生态影响提出防治对策和减缓措施，按"整治型采（碎）石场"的标准要求，采用切实可行的环保措施，防止生态环境的进一步恶化，维护区域生态环境的良性循环；分析论证矿山开采的不同开发时序和开采点所排污染物对环境的影响程度和范围，并明确回答是否满足环境功能区划要求，提出切实可行的污染防治控制措施。

2. 该项目评价级别如何确定？

（1）生态环境。

该矿矿区面积 0.435km²，生态影响范围远远小于 20km²；根据《环境影响评价技术导则 生态影响》（HJ/T19 - 2011），本项目生态环境影响评价等级确定为三级。

（2）水环境。

矿运车、推土机、液压铲采用水冷却，产生废水极少。设备维修过程中将产生少量的废水，该部分废水中含石油类、COD 及 SS 等污染物，设隔油及沉淀池处理设施，处理后的废水用于场地洒水。生活污水通过生化池处理后可用于周边农林灌溉，不外排地表水环境。因此本项目水环境仅作简要影响分析。

（3）环境空气。

石灰石矿山开采过程中产生的废气主要是"粉尘"。

露天石灰石矿开采过程中有两种尘源：一是生产过程中穿孔、爆破、铲装、运输环节产生大量的粉尘；二是自然尘源，如风力作用形成的粉尘。

根据《环境影响评价技术导则 大气环境》（HJ2.2 - 2008）的有关规定，评价选择总悬浮颗粒物浓度估算值确定环境空气评价的等级。浓度估算模式如下：

$$P_i = C_i / C_{oi} \times 100\%$$

式中：P_i——第 i 个污染物的最大地面浓度占标率，%；

C_i——采用估算模式计算出的第 i 个污染物的最大地面浓度，mg/L；

C_{oi}——第 i 个污染物的环境空气质量标准，mg/L。

采用估算模式计算出本项目的总悬浮颗粒物的 P_i，然后确定该项目大气环境影响评价的工作等级。

（4）声环境。

本工程噪声强度大小不等，经采取基础减震、隔声降噪措施后，噪声对评价区声环境的影响不明显，且工程所在地为偏僻的山区，根据《环境影响评价技术导则——声环境》（HJ2.4 - 2009）相关规定，确定声环境影响评价的工作等级。

3. 该项目的主要评价因子有哪些？

生态环境重点评价地貌景观、植被破坏、水土保持、场地的稳定性和区域景观协调性；环境空气的主要评价因子为 TSP；噪声评价为采矿场界声环境的等效连续 A 声级。

4. 该项目废气的主要来源及污染因子有哪些？

石灰石矿山开采过程中产生的废气主要污染因子是"粉尘"，其次是各生产环节使用的设备在其运行过程中产生的各类废气（尾气）中含少量 SO_2、NO_2、CO、非甲烷总烃等污染物。

露天石灰石矿开采过程中有两种尘源：一是生产过程中穿孔、爆破、铲装、运输环节产生大量的粉尘；二是自然尘源，如风力作用形成的粉尘。

5. 本项目生态影响评价重点。

根据《环境影响评价技术导则　生态环境》（HJ19 - 2011）及评价区域现有的生态状况，生态影响评价的重点主要包括：

（1）剥离开采改变了土地利用现状以及植被破坏后引发的景观效果问题。

（2）露天开采和废土石异地堆存而破坏地表应力，引起滑坡、泥石流、崩塌、水土流失。

（3）矿石开采后矿区内的地下水位和径流通道遭到破坏，导致地下水的疏干并引起矿山周边地面塌陷，进而对生态环境造成损害。

（4）矿山开采过程中的生态环境保护和恢复措施，闭矿后全面生态恢复措施的可行性和实用性。

案例二　　　　年处理 15 万 m³ 钛铁砂矿采选厂建设项目

××有限公司拟在××县秋草地新建年处理 15 万 m³ 钛铁砂矿采选厂，采选厂服务年限为 15 年。建设内容包括矿山开采、选矿和尾矿库建设，矿区面积为 1.91km²，开采范围为 0.52km²。年采选矿石量为 15 万 m³。达产年份年产钛铁精矿（TiO_2 品位 ≥ 48%）5148t，磁铁精矿（Fe 品位 ≥ 50%）2400t，尾矿产率为 96.86%，年排出尾矿量 14.53 万 m³。

项目采场区内现有被遗弃的采石场，采石场存在滑坡地质灾害。项目采场最高作业标高 2135m, 采场最低作业标高 1950m, 相对高差 185m; 采场最低作业台阶标高比设计的选矿厂高 10m 以上。设计采用水力机械化开采, 逆向冲采法。项目采矿过程中, 表层土经清理后, 部分较硬地段采用机械松土后再采用水枪进行水力开采, 再用水进行碎矿造浆后经矿浆输送沟渠流入自选矿厂。

水力输送槽设计采用梯形断面, 设计采用高强度混凝土, 磨损程度 3.3mm/万吨。沟道尽可能为直线, 以避免转弯过多, 线路转角一般不小于 120°, 转弯曲线半径大于沟底宽度的 20 倍。矿区地形平均坡度约为 12%, 采矿场距选厂≤1.5km, 运矿平均坡度为 12%, 矿山地形的坡度能够满足砂矿水力运输所需的最小自溜坡度要求 (约为 4% ~7%)。

选矿厂建设在采矿场下方, 矿石 (矿浆) 自流水力运输到选矿厂。拟采用湿法重—磁联合选矿法进行选矿, 选矿工艺为采矿矿浆 (矿浆浓度为 20%)。在输送过程中, 先经多段沿途隔渣后进入斜板浓密机脱泥 (0.02mm), 斜板浓密机沉砂再采用螺旋分级机进行进一步分级 (0.5mm), 分级机 +0.5mm 分级产品给入第一段球磨机进行开路磨矿, 磨矿产品再与分级机 -0.5mm 分级产品合并进入第一段螺旋选矿机进行粗选。第一段螺旋选矿机粗选精矿再进入第二段球磨机进行开路磨矿, 磨矿产品进行弱磁磁选分离, 磁选磁性产品为磁铁矿精矿, 非磁性产品再进行摇床分选得到钛铁矿精矿。第一段螺旋分级机粗选尾矿与斜板浓密机脱泥产品合并进入第二段螺旋选矿机进行扫选, 第二段螺旋选矿机扫选尾矿通过管道排入尾矿库, 第二段扫选精矿和摇床分选尾矿返回第一段螺旋选矿机进行再选。钛铁矿精矿和磁铁矿精矿沉淀浓缩产生的选矿废水在选厂内循环使用, 尾矿废水在尾矿库澄清后回用。

选矿厂排出的尾矿含水率为 85% 左右。尾矿浆由尾矿输送沟送运至选厂下方尾矿库。沉降后上层清水经过滤后进入储水池, 再泵至采场和选厂高位水池循环使用。

尾矿堆坝工艺, 采用人工每次堆积子堤高度 1m, 移动坝顶排矿管、坝顶分散放矿, 循环往复, 直至尾矿堆至坝顶标高为止。按照《尾矿库安全技术规程》要求, 尾矿坝要求控制干滩长度大于 70m。

项目区内为广大农村地区, 地形为山地, 无旅游资源和珍稀动植物保护区等特殊环境敏感因素。项目所在区域属于掌鸠河水系, 掌鸠河在该河段执行Ⅲ类水质目标, 项目周围的小坝口沟、高发村水箐沟等为掌鸠河支流, 最终汇入掌鸠河, 周围河沟以及掌鸠河监测点位其 pH、COD、氨氮、总磷等监测项目都可以达到《地表水环境质量标准》(GB3838 - 2002) 中Ⅲ类标准要求, 项目周围河沟和掌鸠河水质较好。

1. 该项目的评价内容与评价重点有哪些?

评价内容主要包括: 产业政策与相关规划相符性、区域环境概况、工程分析、水环境影响分析、声环境影响分析、大气环境影响分析、固体废物环境影响分析、生态影响分析、污染防治措施可行性论证、尾矿库风险分析及防范措施、总量控制与清洁生产分析、公众参与、项目选址可行性分析、环境经济损益分析、环境管理与环境监测计划等。

根据该项目工艺特点、污染物排放情况及项目建设和运行对周边环境影响的程度，环境影响评价工作的重点为工程分析、水环境影响分析、生态影响分析、固体废物环境影响分析、尾矿库风险分析、矿山地质灾害等。

2. 该项目产业政策与相关规划相符性分析的主要内容有哪些？

（1）项目符合国家的产业政策和技术政策，不属于国家发改委《产业结构调整指导目录》和《××省工业产业结构调整指导目录（××××年本)》中"限制类"项目。

（2）项目为《××省矿产资源总体规划》中鼓励开发项目，不在限制勘查区和禁止勘查区范围内，也不在限制开采区和禁止开采区范围内。

（3）项目建设符合××县发展规划。

（4）项目建设符合《××县国民经济和社会发展第××个五年规划》和《××县××××-××××年县域工业经济发展规划》要求。

3. 该项目废水产生的主要环节有哪些？

项目可能产生废水的环节主要有采矿场矿区地下涌水、水力冲采和选矿工序矿浆。由于输送沟渠堵塞造成的外溢矿浆、尾矿库外溢水、生活污水等。

（1）露天采矿场涌水：采场的最低开采标高位于当地侵蚀基准面以上，开采过程中无采场涌水流出。

（2）露天采场的淋滤水：露天采场接受降水淋滤产生的淋滤水不含有毒害物质和环境污染物，不会对地面水和地下水环境产生污染。在土质疏松、易形成泥浆废水的部位设置挡土墙等，同时加强边坡的治理，保证采场边坡的稳定。

（3）项目选矿将产生大量尾矿浆，尾矿浆含水量较高（含水率约为85%），将其排入矿区配套的尾矿库用沉淀法沉淀后回用于采选。

（4）生活用水：生产和管理人员产生的生活污水。

4. 该尾矿库风险分析的内容包括哪些？

（1）尾矿库水位的控制。

（2）尾矿库坝体稳定性分析：在坝基渗漏、堆体重力、遇暴雨洪水，以及工程设计缺陷、施工质量差等问题的条件下，坝体失稳或翻坝可能诱发泥石流灾害，威胁下游安全。

（3）地震等地质灾害：废弃采石场一旦发生滑坡则对尾矿坝会有一定影响，应予以清除，废石可用于尾矿库初期坝的堆筑。

（4）防洪系统分析：项目尾矿库建设前要进行地勘和专项设计，保证项目尾矿库防洪系统按要求落实到位。

（5）尾矿坝溃坝：项目尾矿库在极端不利条件发生溃坝的情况下，尾矿坝的溃坝流量形成的高速、高势能泥石流将对下游农田等造成较大的影响，形成的泥浆水将流入下游的掌鸠河，影响恶化掌鸠河水质。

5. 生态影响防护与恢复措施有哪些？

项目生态环境防护包括：

（1）不利生态影响的避免。

（2）负面生态影响的削减。

（3）负面生态影响的补偿等。

项目建设和营运时，项目单位对采区和建设范围的林地进行砍伐时必须经当地林业行政主管部门同意，并在相关手续完备的情况下方可进行。同时在矿区建设过程、开采过程和开采完毕后应积极进行植被恢复和土地复垦，防止生态环境恶化。

结合国内外矿山生态环境的研究情况，从边坡治理与防护，恢复生态工程学，景观和景观生态学等角度，对露天开采矿山生态环境恢复与治理中涉及的矿山植被恢复技术、方法，景观与环境恢复等问题提出意见和建议，这之中主要是植被恢复。根据项目区域地理环境和植被恢复、水土保持的要求，项目生态恢复的目标主要是以水土保持为主，植被物种的选择需满足以下要求：区域性；抗性；美化；易采集；保水保肥；乔、灌、草结合。

尾矿库生态恢复主要指林、牧、农业土地复垦三结合的生态建设。其恢复时段包括生产营运过程中和服务期满后，具体可分四个步骤进行：第一步，植树、修渠；第二步，外边坡整形、覆土和绿化；第三步，对于尾矿的堆放，在选矿投产初期，坝内沉积物标高低于初期坝以前，尾矿浆沿初期坝轴线长度方向均匀排入库区，让其自然沉淀，为了让尾矿的堆积平整，要每隔一段时间改变放矿的位置或采用平行尾矿坝线性放矿，保证尾矿堆坝堆积平整；第四步，堆顶复土及复垦。

6. 该项目采场风险防范措施有哪些？

将矿山生产活动局限于开采区范围以内，对采区以外区域严加保护，减小扰动和破坏地质环境，避免触发地质灾害，力求把矿山地质灾害损失降到最低程度。在建设过程中，应采取如下措施：

（1）对采区周边陡坡浮石进行清理或适当削坡，并据采场边坡岩土工程地质特点，采取适当的边坡值，如最终边坡≤35°，以免造成崩塌。

（2）沿采区周界及台阶内侧，设置适当断面的截洪沟道，以消除泥石流和洪涝之灾。

（3）对现有地质灾害的1个滑坡（遗弃小型采石场）进行清理，清除原有小型遗弃采石场作业面危石，并采取拦挡措施，以稳定坡面避免地质灾害发生。露天采矿过程中，冲采台阶可能产生垮塌，应配备专门的安全检查人员对作业面和边坡进行监测。一旦发现边坡有滚石、塌落等不稳定因素，应立即组织人员利用机械设备清除隐患，确保作业安全。采矿结束后形成的最终边坡可能有崩塌、滑坡产生，应全面排查，对不稳定段清除危体或削坡减载，并设立危险区警示标志，严禁人员进入采空区放牧、采石。

（4）建设单位在开采过程中做好安全防护工作，根据安全评价结果需留出足够的安全距离，切实保护项目周围村庄安全不受影响。

案例三　　　　　　　　　　　新建铁矿采、选项目

　　××铁矿采、选项目由××有限公司投资建设。项目地处××一带，东北至××区约38.5km，矿区面积5.54km²，拥有铁矿矿产资源储量为830.36万吨，设计生产能力42.9万t/a，矿井服务年限19年。年生产铁精矿9.44万t/a。采用露天开采和地下开采相结合的方式，露天开采采用自上而下分层开采，地下开采采取分段空场法和浅孔留矿采矿法。选矿采用湿式磁选选矿法，尾矿部分用于回填，部分集中存放于尾矿库。

　　项目主要建设内容包括采矿工业场地2处。主竖井2座，回风井2座，选矿区1处。项目详细组成见表1。

表1　　　　　　　　　　　　　　　项目组成及建设内容

项目组成		主要内容	技术指标
1	主体工程	矿井	采用竖井开拓，①号矿体采区设2个井筒：主竖井SJ1（385m）、副井（252m）；⑤⑥号矿体采区设2个井筒：主竖井（210m）、副井（128m）
		选矿厂	采用磁选工艺，主要车间包括：中细碎厂房、筛分厂房、粉矿仓、磨矿、磁选、过滤厂房、精矿库等。
2	辅助及公用工程	机修车间	承担井下开采设备及其他设备日常维修
		通讯	全矿设100门程控电话交换机一台，以及相应的配套设备
		通风	采用多级机站通风系统，主竖井进风、副井排风，总通风量88.5m³/s。其中①号矿体采区通风量为65m³/s
		给水	采矿区生活用水由矿区东北处泉水供给。生产用水采用处理后的井下排水。选矿区生活用水由地下水供给，生产用水采用塘坝地表水
		供电	矿井建设35kV变电站1座，主电源选矿区，备用电源采用T接经过矿区的一回10KV线路LGJ-10KV-3×50
		行政办公建筑	配电室、提升机房、空压机房、转载矿仓、柴油发电、办公室、机修间、材料库、宿舍、食堂、浴室等
3	储运工程	储存	包括原矿仓、铁精矿仓、废石仓、转载矿仓等
		运输　坑内运输	①号采矿区：设计采用ZK7-6/250型电机车牵引1.2m³侧卸式矿车运输矿石和废石。每列车由1台电机车和10辆矿车组成。有轨运输的轨距为600mm，采用22kg/m钢轨铺设。道岔采用622-4-20型。线路最小转弯半径20mm。采用木轨枕
		运输　地上运输	矿石经提升机提升至地面，采用地面窄轨运至转载矿仓，后由汽车运至选矿厂；精矿、尾矿均采用汽车运输
4	环保工程	矿井水处理	在两个采区均分别设置100m³、80m³的蓄水池，对矿井涌水进行处理机暂存
		选矿水处理	选矿浓缩水经尾矿渗滤后流入汇水区，后回用于选矿，不外排
		生活污水处理	生活污水采用一体化污水处理系统，处理规模50m³/d
		尾矿库	设尾矿库一座，为一长590m、宽208m、深20m的天然沟，容积为246万m³，服务年限21a

矿区内发育有 10 个矿体，共有铁矿石资源量 848.6 万 t，平均品位 TFe31.58%，mFe17.03%。其中（332）162.8 万 t，平均品位 TFe31.92%，mFe17.47%，占总资源量的 19%；（333）685.8 万 t，平均品位 TFe31.50%，mFe16.93%；另外，矿床内有低品位矿石 127.2 万 t，平均品位为 TFe30.52%，mFe14.91%。选矿工艺流程见图 1。

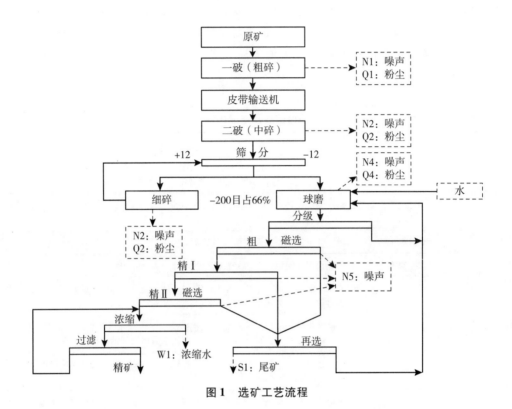

图 1 选矿工艺流程

采矿场周围基本为荒地，植被覆盖度较好，无国家保护、珍稀濒危和特有物种。采矿场距离最近的村庄为 3.7km，基本不受影响。采矿场分为 2 个工业场地和办公生活区。1 矿区工业场地位于矿区西北方向，呈长方形，办公生活区位于 2 矿区，工业场地中间为较平坦区域，主要布置有综合办公室、食堂、宿舍、材料库等建筑，占地 300亩，选矿厂在矿区北部约 0.8km 处，主要布置有原矿仓、中细碎车间、筛分车间、磨矿磁选车间、粉矿仓、铁精矿仓等生产设施，尾矿库位于选矿厂西北侧 100m，全长约590m，汇水面积相对较小，约为 0.08km²，交通较为方便。

本项目生产期产生的污废水主要有矿井井下排水（矿井排水）和选矿厂的生产、生活污水。矿井井下正常涌水量为 300m³/d，矿井涌水经泵排到地表，全部打入生产水储水池，作为生产用水，不外排。选矿厂年生产用水量为 1.2 万 t/a（36.36m³/d），其中新鲜补充用水 2500t/a（7.58m³/d），循环用水量为 9500t/a（28.78m³/d）。选矿产生的废水主要为球磨和磁选环节以及精矿库产生的废水，该部分废水经管道流入尾矿库，经尾矿渗滤后，进入沉淀池，经沉淀后上清液用泵回用，不外排。选矿厂年生活用水量为 3960t/a（12m³/d），年产生废水 3168t/a（9.6m³/d），该部分废水经生活污水一体化处理设施处理后，全部用于选矿厂洒水降尘及绿化，不外排。

本项目不设锅炉房，大气污染物主要为生产性粉尘。通过高效除尘设备处理后，项目排放的生产废气中粉尘排放浓度和速率较低，可以满足《大气污染物综合排放标准》（GB16297-1996）中表 2 的二级要求。项目产生的固体废物全部用于回填，不外排，尾矿运送至尾矿库堆存。

1. 该项目工程分析应包括哪些内容？

（1）项目概况，包括项目名称、建设单位、建设地点、性质、建设内容、生产能力、产品方案、劳动定员、生产运行方式、总投资和环保投资等。

（2）项目组成，包括主体工程、辅助工程、公用工程、环保工程、储运工程和尾矿库及临时堆场等。

（3）矿山的资源条件，包括地理位置、矿区范围、矿区地质特征和矿体地质特征、矿石质量、铁矿储量和服务年限等，并附图说明。

（4）工艺技术分析，包括采矿工艺技术（开采方案、采矿时序和开采方法等）和选矿工艺技术（矿石特征和相应的选矿工艺、尾矿处理方案、矿山水防治方案、主要设备、主要原辅材料消耗、矿区用水及水平衡、厂区运输等）。

（5）辅助工程，包括机修车间，材料库，空压机房、泵房及生产、生活水池等。

（6）总平面布置及其合理性分析。

（7）污染物产生来源及防治措施，包括污废水及其防治措施；废气及其治理措施；固体废物产生及其处置措施；噪声源及其治理措施。

（8）生态影响的源及其源强、拟采取的治理措施和恢复方案等。

2. 该项目环境现状调查的内容包括哪些？

（1）自然环境现状调查，包括项目地理位置及交通状况、地形地貌、区域地质和矿区地质、水文地质、气候气象、地震烈度、地表水和生态环境、文物古迹等。

（2）社会环境现状调查，包括社会经济概况、城市发展规划、环境质量状况（环境功能区划和环境质量现状）等。

3. 该项目环境影响识别的内容有哪些？

根据建设项目的特点和区域环境的特点，分析主要影响环境要素如下：

（1）铁矿采、选过程中产生的污废水对地表水、地下水的环境污染。

（2）选矿厂排放的含粉尘废气、尾矿库和废石堆场扬尘、运输过程中的扬尘对空气环境的影响。

（3）选矿厂、采矿工业场地和尾矿库占用土地对周围生态环境的影响。

（4）拟建项目建设和生产过程中对自然生态系统、农田生态系统和地下水产生的影响。

（5）固体废物的排放对环境的影响。

（6）矿井工业场地提升、通风、压风系统，风井通风系统，选矿厂中细碎、筛分车间以及机修车间等噪声源对声环境的影响。

矿井开发建设和选矿过程对环境有影响的主要因素见表2。

表2　　　　　　　　　　主要污染环节、污染因素与相关环境要素

序号	主要污染环节	主要污染因素	主要环境要素				
			水体	空气	噪声	土壤	生态
1	矿井水排放	废水	△			△	△
2	废石堆场	扬尘、淋溶水	△	△		△	△
3	尾矿库	扬尘、淋溶水、占地	△	△		△	△
4	提升通风机房	设备噪声		△	△		
5	风机房	设备噪声			△		
6	机修车间	设备噪声			△		
7	中细碎工序	扬尘、设备噪声		△	△		
8	磨矿磁选工序	设备噪声			△		
9	筛分工序	扬尘、设备噪声		△	△		
10	矿石、尾矿运输	扬尘、设备噪声		△	△		
11	地下开采	矿井涌水、地表塌陷	△				△

4. 该项目如何进行环境影响评价因子的筛选？

铁矿开发后污染因子较多，根据环境影响识别及环境现状，确定本次评价的主要评价因子，详见表3。

表3　　　　　　　　　　主要评价因子

序号	环境要素	现状监测与评价	预测评价
1	生态环境	生态类型、农业生产现状、用地现状、土壤、植被、野生动植物等	土地利用、农业生态、植被、自然景观、水土流失
2	地表水	pH、COD、SS、F⁻、氨氮、石油类、氯化物、全盐量、硫酸盐、硫化物、溶解氧、溶解性铁、锰、镉、锌、铅、钛	COD
3	地下水	pH、总硬度、氨氮、$N-NO_3^-$、$N-NO_2^-$、氟化物、高锰酸盐指数、硫酸盐、硫化物、全盐量、矿化度、大肠菌群、细菌总数、溶解性铁、锰、镉、锌、铅、钛	地下水质、水量
4	环境空气	TSP	TSP
5	环境噪声	昼、夜噪声 L_{Aeq}	厂界、关心点噪声 L_{Aeq}

5. 生态环境影响评价的具体内容有哪些？

（1）自然生态环境现状，阐述拟建项目区域生物分布现状及农业生态环境现状。

（2）对生态环境影响评价，根据工业场地、尾矿库占地的种类、数量及占用基本农田的情况，以定量和定性相结合的方式分析可能对区域陆生植被、土壤、水土流失、农业用地及农业经济、景观的生态环境，尤其是农业生态环境的影响。

（3）生态修复及补偿措施，阐述拟建项目的生态修复机补偿措施并分析其可行性。

（4）尾矿库环境影响分析，根据尾矿库性质、地理位置、占地类型、建设方案等情况，说明其对大气、地下水及生态环境的影响，并分析其选址及建设方案的可行性，并提出改进措施及建议。

案例四　　　　　　　　　油田开发项目

某石油公司拟在西北地区某县开发建设 50km² 油田，计划年产原油 120 万吨。工程拟采用注水开采方式，管道输送原油。该油田拟建油井 1040 口，采用丛式井。钻井岩屑、废弃泥浆和钻井产生的废水全部进入泥浆池进行自然干化，就地填埋。输油管线总长度 150km，埋地敷设。油田现有的土地类型为荒草地、半沙漠化土地。开发区块永久占地规模为 24hm²。

输油管线穿越线附近有一胡杨林自然保护区，保护区面积约 700hm²，穿越线距自然保护区最近距离为 500m。管线穿越经过黄土高原区，并经过一中型河流 B 河（属地表水 Ⅲ 类水体，且无国家和地方保护水生生物）。在管线穿越河流下游 5km 处有 A 县集中式饮用水源地二级保护区。

陆地管线施工采用大开挖方式，深度为 2～3m。施工过程包括清理施工带地表、开挖管沟、焊接、下管、清管试压和管沟回填等。

B 河穿越段施工采用定向钻方式，穿越深度在 3～15m 之间，穿越长度 130m，在西河堤的西侧和东河堤的东侧分别设入、出土点施工场地，临时占用荒草地 0.8hm²，场地内设置钻机、泥浆池和泥浆收集池、料场等。泥浆的主要成分为膨润土，添加少量纯碱和羟甲纤维素钠。定向钻施工过程中产生的钻屑，泥浆循环利用。施工结束后，泥浆池中的废弃泥浆含水率为 90%。废弃泥浆及钻屑属于一般工业固体废弃物。

为保证 B 河穿越段的安全，增加了穿越段管道的壁厚，同时配备了数量充足的布栏艇、围油栏及收油机等。

工程采取的生态环境保护措施包括挖出土分层堆放、回填时反序分层回填、回填后采用当地土著植物进行植被恢复。

1. 本项目生态环境现状调查和评价的范围是什么？

由于项目 500m 外涉及敏感目标——胡杨林自然保护区，故生态环境影响评价的等级为一级。

根据该类项目特点，从油田开发区块 50km² 为基础向外延伸 3km 为调查和评价范围。

输油管线的现状调查和评价范围是工程占地区外500m，由于在500m外有胡杨林自然保护区，所以胡杨林自然保护区也应纳入生态环境现状调查和评价的范围内。

2. 输油管线施工对生态的影响及施工带生态恢复的基本要求有哪些？

输油管道施工对生态将产生下列影响：

（1）对地表植被、土壤、河流等穿越区域造成明显的破坏或不利影响，主要为：

①输油管道施工的作业带清理及管沟开挖对区域景观产生的不利影响。

②输油管道施工破坏地表保护层，加快土壤侵蚀过程，使沿线区域失去原有的生态功能。

③输油管线施工对区域内自然植被产生一定程度的破坏，因管道中心线两侧不能种植根深植物。

④由于试工期内输油管线将穿越B河，因此该河的水质和水生生物将会受到短期影响。

（2）由于管线距离胡杨林自然保护区较近，虽不占用自然保护区土地，但施工时对自然保护区将产生间接的不利影响，主要为：

①临时用地可能距离保护区更近。

②施工活动对林地内野生动物产生干扰。

③保护区外围地带的生态环境更差。

恢复要求：

①分层开挖，表土单独堆存，妥善保管用于回填。

②及时恢复植被或边回填边恢复植被。

③恢复为原有植被和当地的易成活、浅根植物。

④恢复植被面积与临时占地面积一致，占补平衡。

⑤恢复后加强管理、人工养护、保证覆盖率、生物量等恢复效果。

3. 对于胡杨林自然保护区，生态影响调查的主要内容包括哪些？

（1）调查输油管线与胡杨林自然保护区的位置关系，并附线路与胡杨林自然保护区相对位置关系图。

（2）调查胡杨林自然保护区的功能区划，并附功能区划图。

（3）调查胡杨林自然保护区的结构、功能及重点保护对象——胡杨林的保护级别及其生态学特征，及生境条件等。

（4）进行必要的土壤、地表径流及地下水水力联系的影响等更深层次的调查。

（5）调查胡杨林自然保护区生态系统的稳定性和脆弱性，与其他生态系统的关系及生态限制因素等。

4. 油田建设项目最大的生态影响是什么？应采取哪些有效措施减轻这种影响？

油田开发建设对生态的影响主要为：占用土地，改变土地利用性质，扰动土层，破坏植被，导致地形、地貌与景观的改变；破坏土壤结构、引起土地退化；影响野生动物栖息；事故状态下原油泄漏对生态造成范围小、程度重的影响。

应采取的环保措施：

（1）各种地面建设活动，包括站场、钻井井场、管线等在选址过程中应尽可能避开农田、林地、地表水体等，尽量利用未利用地进行建设，最大限度地加大地面建设与居民区的距离。

（2）为了减少农业生产损失，施工过程中尽可能保存好表土，并避开农作物生长季节，将施工期安排在冬季。

（3）钻井、井下作业、管线敷设、道路建设等过程中，确定施工作业线后不宜随意改线，运送设备、物料的车辆应严格在设计道路上行驶，在保证顺利施工的前提下，严格控制施工车辆、机械及施工人员活动范围，尽可能缩小施工作业带宽度，以减少对地表的碾压；在施工作业以外，不准随意砍伐、破坏树木和植被，不准烧灌木，不准乱挖、滥采野生植被，不准随便破坏动物巢穴，减少对生态环境的影响。

（4）注意在管线等建设施工过程中地貌的恢复，使之尽量恢复原状；挖掘管沟时应注意表层耕作土与底层土分开堆放，管沟回填时，应分层回填，耕作土回填在表面，以恢复原来的土层，保护农业生态环境，回填后多余的土方应平铺在田间或作为田埂、渠道、修路用土，不得随意丢弃。将施工期对生态环境的影响降到尽可能低的程度。

（5）钻井过程中严格执行钻井生产环境保护管理规定，钻井污水、废弃泥浆进泥浆池，污油、药品回收利用，防止污水、污油、泥浆、药品的随意乱丢乱放。

（6）切实做好泥浆池的防漏防渗处理，以防污染土壤和地下水。

（7）严格执行《土地复垦规定》，凡受到施工车辆、机械破坏的地方都要及时修整，恢复原貌，植被（包括自然植被和人工植被）破坏应在施工结束后的当年或来年予以恢复。

（8）加强施工期管理，妥善处理处置施工期间产生的各类污染物，防止其对生态环境造成污染影响，特别是对河流、水淀及土壤环境的影响。

5. 请识别本项目环境风险事故源项，判断事故的主要环境影响。

本项目的事故风险源项主要包括钻井作业发生井喷事故、集输管线破裂及站场等储油设施破损导致原油泄漏或遇火引发的环境风险事故、井壁坍塌导致的地下水污染。

环境风险事故的主要环境影响包括：

（1）事故条件下，原油中的烃类组分进入大气造成大气污染，将危及人群健康和生命。如果由此引发火灾事故，会对大气环境、周边人群及生态环境造成危害。

（2）事故状态下，泄漏的原油会造成土壤污染，使土壤的透气性下降，影响植物生长，严重时可导致植物死亡。

（3）泄漏的原油会随地表径流进入地表水，造成水体污染，不仅影响水生生物正常生长繁殖，还会影响地表水功能。

（4）石油烃着火发生爆炸易酿成安全事故，在灭火过程中不仅大量的人员、机械活动会对生态造成破坏，还存在灭火剂对环境的污染。

（5）井壁坍塌有可能导致原油和回注水（往往含盐量较高）串流至饮用水开采层，

导致地下水污染。

6. 从环境保护的角度判断固体废物处理处置方式存在的问题，并简述理由。

钻井废弃泥浆、钻井岩屑、钻井废水采取在井场泥浆池中进行干化、就地掩埋，这种处理方式存在环境污染。

理由：钻井废弃泥浆、钻井岩屑、钻井废水虽都产生于钻井过程中，但分别属于不同的污染物类型，其具体来源、成分均不同，不能混合在一起进行处理，且现状处理方式不符合固体废弃物处理的"三化"原则，即"减量化、资源化和无害化"原则。

正确做法：将井场泥浆池进行防渗处理，并设置围堰及渗滤液导排装置，渗滤液收集后集中处理。废弃泥浆加固化剂进行固化后就地填埋，并在表面覆土及种植植被进行生态恢复。

竣工验收监测与调查

案例一　　　　　　　　　　高速公路竣工验收调查项目

某高速公路项目于 2012 年完成环评审批，2016 年建成试运行，现拟开展竣工环境保护验收调查。

该高速公路全长 230km，双向 8 车道。工程新建特大桥梁 2 座（分别位于 A 河和 B 河），大桥 2 座，隧道 2 个，分别为 540m 和 2.6km，设收费站 3 个，服务区 5 个，属大型建设项目。

该高速公路 KⅠ段（K0－K59）长 59km，位于平原区，设计时速 120km/h，路基宽 28m；KⅡ段（K59－K105）长 46km，位于平原微丘区，设计时速 100km/h。公路在 K81、K92 建设长 300m 和 440m 的特大桥梁两座，分别穿越 A 河和 B 河。KⅢ段（K105－K210）全长 105km，位于山岭重丘区，设计时速 80km/h，路基宽 26m。公路在 K155－K158 间建设长 2.6km 的隧道一座，在 K189－K190 间建设 540m 长隧道一座，在 K201 和 K209 各建设大桥一座。KⅣ段（K210－K230）位于平原微丘区，设计时速 120km/h，路基宽 28m，在 K218 处与已有二级公路相交。2017 年和 2022 年设计车流量为 13000puc/d、16000puc/d（标准小型客车流量）。收费站、服务区污水均经自设的污水处理站处理后达到《污水综合排放标准》（GB8978－1996）二级标准要求后排放。

环境影响评价报告书记载公路沿线基本情况概述如下：公路 KⅠ、KⅡ、KⅣ段以农业种植为主，KⅢ段以山区林木植被为主；KⅢ段穿越 R 自然保护区（保护对象为某种国家重点保护野生动物——大灵猫及其栖息地），实验区内路段长度限制在 5km 之内；对穿越国家级自然保护区试验区内的路段实行全路段封闭和阻光措施；A 河和 B 河的水环境功能为Ⅲ类，A 河桥址下游 5km 处为饮用水源保护区上边界；隧道穿越的山林植被覆盖度较高；公路沿线 200m 范围内有 37 个声环境敏感点，全部为村庄。声环境影响评价表明：在 2022 年设计车流量条件下，有 14 个村庄的声环境质量超标，应采取声屏障措施，其中，位于 K11 处的 Q 村距离公路路肩最近距离为 60m。

环境影响评价报告批复文件提出：应进一步优化路线设计方案，减少土石方开挖和植被破坏量，采取措施减缓隧道施工排水造成的地下水流场改变，对隧道顶部的山体植被进行生态监测，对预测的声环境质量超标的村庄采取声屏障等措施，跨河桥梁路段应采取措施防范车辆事故泄露。收费站、服务区的污水处理站均按照《污水综合排放标准》（GB8978 – 1996）一级标准设计。

根据环评报告及其批复文件的要求，建设单位对部分路段进行了路线优化，改移 K98 – K106 约 8km 的路段线位，最大改移距离 510m，改移后，新增声环境敏感目标——M 村庄，该村庄距离公路路肩最近为 60m。

根据建设单位提供的资料和图纸表明：跨 A 河和 B 河大桥已设置桥面事故废水收集管道，并按照环评要求在河岸基岩上设置了 $200m^3$ 的事故应急池，事故应急池底板高程 98m，桥址处的设计防洪水位分别为 92m 和 90m，并制定了环境风险应急预案，配置了事故应急设施。

验收调查单位在验收制定噪声验收监测计划时，认为 M 村庄与 Q 村庄距离公路路肩距离一致，因此类比 Q 村庄的监测结果，不需要对 M 村庄的噪声进行验收监测。收费站、服务区等附属设施均建有污水处理系统，排水按《污水综合排放标准》（GB8978 – 1996）一级标准设计，符合环保要求。

1. 该项目验收调查的重点关注内容有哪些？

K98～K106 段改移线路的声环境敏感点信息，包括声环境敏感点的名称、规模、人口的分布情况；敏感目标与建设项目的关系（如方位、距离、高差）。

隧道排水对山顶植被的影响（包括工程沿线的生态状况；工程的占地状况；影响范围内的水体流失情况和防治措施；影响范围内的植被类型、数量、分布、覆盖率等；影响范围内的不良地质路段分布情况及采取的防护措施情况；周围水系变化情况等）。

A 河和 B 河跨河大桥事故应急池设计和建设情况（包括容积、建设高程、桥面事故水收集管道是否可以接入事故应急池等）。

2. 对于居民点，声环境影响调查的主要内容有哪些？

（1）调查 37 个村庄的规模、人口分布、与公路的空间位置关系（方位、距离、高差）并附图。

（2）调查该地区的主要气象特征；年平均风速和主导风向，年平均气温，年平均相对湿度等。

（3）明确各村庄所处声环境功能区，调查各村庄的声环境质量现状。

（4）调查工程对沿线受影响的村庄所采取的降噪措施情况。

（5）选择有代表性的，与公路不同距离的村庄进行昼夜监测。

（6）根据监测结果（或对不同距离内或处于不同功能区的村庄的监测结果）的分析，对超标敏感点提出进一步采取措施的要求。

3. 按照初步调查结果，污水处理系统能否通过环境保护验收？为什么？

（1）按照初步调查结果，不能确定污水处理系统能否通过环境保护验收。因为污水处理系统的设计处理能力和实际处理能力未知，现状处理能力是否达到设计处理能力的75%也未知。

（2）污水处理系统的现状出水水质与设计出水水质未知。

（3）污水处理系统的现状处理效率和设计处理效率未知。

（4）污水处理系统污染物排放总量控制指标未知。

4. 对于 R 自然保护区，生态环境影响调查的主要内容有哪些？

（1）应了解 R 自然保护区的功能区划，并附功能区划图。明确核心区、缓冲区和实验区的状况，野生保护动物——大灵猫的保护级别、种群、数量、分布、栖息地、觅食地、食物链结构及其作为食物的动植物分布、活动范围、迁徙路线，与保护动物有关的森林生态系统的类型。

（2）调查线路穿越自然保护区的具体位置（或明确出入点桩号）及穿越自然保护区的功能区，并附线路穿越自然保护区的位置图。

（3）调查工程建设及运行对自然保护区结构、功能及重点保护野生动物——大灵猫造成的实际影响。

（4）调查工程所采取的声屏障和密植林带等隔声阻光措施的具体情况及其有效性（或者是否满足环评及环评批复文件的具体要求）。

5. 验收调查单位在制定验收噪声监测计划时，认为 M 村庄与 Q 村庄距离公路路肩距离一致，因此类比 Q 村庄的监测结果，不需要对 M 村庄的噪声进行验收监测的方法是否正确？

不正确，根据《建设项目竣工环境保护验收技术规范——公路》（HJ552—2010），各点位的具体位置须能反映所在区域环境的污染特征，环境敏感目标必须设置监测点位。尽管 M 村庄与 Q 村庄与公路路肩距离一致，但由于所在区域的环境特征不一致，噪声的传播和衰减特征也不一致，因此，不能以 Q 村的监测结果推算 M 村的噪声值。

案例二　　　　　　　　某井工煤矿竣工验收监测项目

新建井工煤矿验收项目。某井工煤矿于 2013 年 10 月经批准投入试生产。试生产期间主体工程运行稳定，环保设施运行正常，拟开展竣工环境保护验收工作。项目环境影响报告书 2010 年 8 月获得批复，批复的矿井建设规模为 500Mt/a，配套建设同等规模选煤厂；主要建设内容包括主体工程、辅助工程、储装运工程和公用工程。场地平面布置由矿井工业场地、排矸场、进矿道路、排矸场道路等四部分组成。工业场地（含道路）占地 40.0hm²，矿井井田面积 2000hm²。矿井开采区接替顺序为 "一采区、二采区、三采区"，首采区为一采区，服务年限 15 年。

环评批复主要环保措施包括：3 台 20t/h 锅炉配套烟气除尘脱硫系统，除尘效率95%，脱硫效率 60%；地埋式生活污水处理站，处理规模为 600m³/d，采用二级生化处理工艺；排矸场，库容 $45.0 \times 10^4 m^3$，配套建设拦挡坝、截排水设施；对受开采沉陷影响的地面保护对象留设保护煤柱。

试生产期间，矿井和选煤厂产能达到 320Mt/a。生活污水和矿井水处理量分别为 500m^3/d、10000m^3/d。3 台 20t/h 的燃煤锅炉烟气除尘脱硫设施已经建成并投入使用，排矸场的拦挡坝、截排水工程已经建成。

1. 该项目竣工环境保护验收监测中，竣工验收监测的主要内容有哪些？

（1）现场踏勘与调查。调查 3 台燃煤锅炉的配套除尘脱硫系统、生活污水处理站、排矸场及其配套建设的拦挡坝、截排水设施以及受开采沉陷影响的地面保护对象留设保护煤柱是否按照环境影响评价报告和批复进行了建设，是否有环境保护管理机构、监测人员，有无环境保护管理制度。

（2）对建设项目排污情况和环境保护管理设施的运行效果按照监测方案进行监测；监测布点分别布设在锅炉配套烟气除尘器的进出口、锅炉配套烟气脱硫器的进出口、地埋式生活污水处理站的进出口。对监测结果从排放总量、污染物浓度、排放速率等方面进行全面综合评价。

（3）环境保护设施、装置的处理能力和效率监测分析。污染治理和防护设施是否达到了设计要求，是否按照环境影响评价报告及批复进行了建设。是否达到了污染物排放标准的要求。

（4）分析环境保护设施运行过程中存在的问题。及时发现环境保护设施在试生产阶段存在的问题，并提出整改建议。

（5）提出竣工环境保护验收监测的结论和建议。如项目中锅炉烟气经除尘脱硫后达标排放，生活污水经自建的污水处理站处理后，各项指标满足环保要求；对于受采区塌陷影响的地面保护目标预留了保护煤柱，环境保护管理制度建立并健全。厂区绿化面积、运矸、运煤道路两侧的环保措施已符合要求。锅炉烟气脱硫除尘、污水处理系统等有专人进行管理。

（6）经验收监测和评价，做出锅炉烟气、生活污水是否达标排放的结论；生态恢复方案已经落实或已有详细的实施计划等。

2. 该项目环境保护验收调查工作中，还需要补充哪些工程调查内容？

（1）工程地理位置、地面工程平面布局。

（2）三个采区的工作面布设及留设保护煤柱布局情况。

（3）煤矿办公及生活区。

（4）选煤工艺，特别是洗煤废水能否做到循环利用不外排。

（5）输煤栈桥（或廊道）、煤炭转载点及其环保措施。

（6）原煤堆存方式（或原煤仓）、精煤储存方式（或精煤仓）及外运方式（或外运道路）。

（7）风井场地及其噪声治理设施。

（8）移民安置区及其环境保护措施。

（9）矿井水及生活污水处理效果及处理后的利用途径。

（10）3 台锅炉环保设施的运行效果。

（11）矿井瓦斯情况。

（12）排矸场堆放方式及生态恢复方案，综合利用途径。

（13）工程环境保护投资。

3. 本项目竣工环境保护验收生态调查的范围是什么？

原则上，环境保护验收生态调查范围与环境影响评价时生态环境的调查范围一致。在环保验收生态调查时，应重点关注一采区、运矸道路、运煤道路两侧，采矿场地周边及排矸场所造成的生态影响。

4. 生态环境保护措施落实情况调查还需补充哪些工作？

（1）工程占地的生态补偿。

（2）首采区沉陷变形及生态整治。

（3）各类临时占地的生态恢复。

（4）排矸场的生态恢复计划。

（5）井田土地复垦及生态整治计划。

（6）厂区及企业运输道路绿化情况。

（7）对穿越第三采区的西气东输工程沿线采取的生态保护措施。

5. 判断试生产运行工况是否满足验收工况要求，并说明理由。

满足验收工况要求。

理由：本项目试生产工况：320Mt/a/500Mt/a＝60.4%，小于75%。根据验收规范及有关规定，对于水利水电项目、输变电工程、油田开发工程（含集输管线）、矿山采选类项目可按照其行业特征执行，在工程正常运行的情况下即可开展验收调查工作。因此，本项目在主体工程运行稳定，环保设施运行正常情况下，可以进行验收调查，但需标明验收时的实际工况。

案例三   原油管道竣工验收调查项目

某原油管道工程于 2017 年 5 月完成，准备进行竣工环境保护验收。原油管道全长 450km，管线穿越区域为丘陵地区，土地利用类型主要为林地、草地，耕地和其他土地，植被覆盖率为 46%。管道设计压力为 10.0MPa，管径 490mm，采用加热密闭输送工艺，设计最大输油量 $6.0 \times 10^6 t/a$，沿线共设站场 6 座，分别为首末站及 4 个加热站。

管道以沟埋放置方式为主，管顶最小埋深 1.2m，施工作业带宽度 16m，批准的临时占地 598.6hm²（其中耕地 78.0hm²，林地 22.1hm²，草地 35.7hm²），永久性占地 50.0hm²（其中耕地 7.6hm²），环评批复中要求：穿越林区的 4km 线段占用林地控制在 6.2hm²，并加强生态恢复措施；穿越耕地线段的耕作层表土应分层开挖、分层回填，工程建设实施过程中实施工程环境监理。

竣工验收调查单位当年 8 月进行了调查，基本情况如下：项目建设过程中实施了工程环境监理，临时占用耕地大部分进行了复垦，少部分恢复为灌木林地。对批准永久占用的耕地实现了占补平衡，有关耕地的调查情况见表 1。管线穿越林区 4km 线段，占用林地 6.4hm²，采用当地物种灌草结合对施工作业段进行了植被恢复，植被覆盖率达35%，有 5km 管道线路段发生了变更，主要占地类型由原来的占用林地变为其他土地。

表 1 　　　　　　　　　　　　　耕地占用和补偿验收调查情况

单位（hm²）	永久占用的耕地	临时占用的耕地
批准占用量	7.6	78.0
验收调查占用量	7.8	77.6
实际补偿量	7.6	\
实际复垦量	\	70
恢复为灌木林地量	\	7.6

1. 该项目竣工环境保护验收调查的生态环境调查范围和重点是什么？

根据《建设项目竣工环境保护验收管理办法》的有关规定，竣工环境保护验收调查范围应与环境影响评价时的调查范围一致。具体如下：

（1）以管线为中心的两侧为主要调查范围。

（2）沿途建立的 6 个站场及其周围。

（3）临时占用的林地、耕地。

针对本工程特点和所经地区环境特征及沿线的敏感保护目标分布情况，验收调查的重点为管线及站场建设及试运行期造成的生态环境影响和潜在的环境风险，以及报告书和设计中提出的各项环境保护措施的落实情况及其有效性。

2. 验收时生态环境调查的基本内容有哪些？

生态环境现状调查与评价的主要内容包括：

（1）森林调查：类型、面积、覆盖率、生物量、组成的物种等；评价生物量损失、物种影响、有无重要保护物种、有无重要功能要求（如水源林等）。

（2）农业生态调查与评价：占地类型、面积、占用基本农田数量、农业土地生产力、农业土地质量。

（3）水土流失调查与评价：侵蚀面积、程度、侵蚀量及损失，发展趋势及造成的生态环境问题，工程与水土流失关系。

（4）景观资源调查与评价：沿线景观敏感点段，主要景观保护目标及保护要求。

3. 验收时，可以使用的生态环境现状调查方法有哪些？

本项目验收时，可以使用的生态环境现状调查方法有：现有资料收集、分析，规划图件收集；植被样方调查，主要调查物种、覆盖率及生物量；现场勘察景观敏感点段；也可利用遥感信息测算植被覆盖率、地形地貌及各类生态系统面积、水土流失情况等。